핵심 개념 미리 공부하는

미리미리 개념수학

1학년

아울북 초등교육연구소 지음

아울북

이 책의 활용방법 미리미리 개념 수학 1학년

| 핵심 개념 |
단원별 핵심 개념을 만화로 엮어 재미있게 이해할 수 있어요.

교과서를 공부할 때 참고할 수 있는 단원명이 있어요.

| 읽을 거리 |
만화로 익힌 개념을 다시 한번 글줄로 읽어 보면서 개념을 명확하게 정리할 수 있어요.

1 1, 2, 3, 4, 5

1학년 1학기 1단원

6

1, 2, 3, 4, 5를 알아보자.

3은 삼 또는 셋이라고 읽는다.

세상에서 가장 못생긴 마녀가 마법의 약을 만드는 비법이 적힌 책을 보면서 만들고 있어. 홍당무 하나를 넣으라고 하여 홍당무 1개를 넣었고, 강아지 똥 둘을 넣으라고 하여 똥 2개를 넣었어. 강아지 똥이 주변에 아주 많다고 해도 단 2개만 넣어야 해. 둘은 2(이)니까 말이야.
왼쪽 만화에서 불가사리 그림을 보고, 차례대로 세어 봐.
하나, 둘, 셋이라고 셀 수 있지? 셋은 3이야. 숫자 3은 삼이라고 읽을 수 있어. 이번에는 불가사리 바로 아래에 조개껍데기를 볼까? 하나, 둘, 셋, 넷이라고 세어. 넷은 4야. 4는 사라고 읽지. 고양이 수염은 몇 개 넣으랬지? 다섯 개지? 다섯은 5니까 5개를 제대로 넣었다면 마법의 약을 완벽하게 만들었을텐데….

● 엄마와 함께 도너츠를 만들고 있어. 각 접시의 도너츠를 세어 빈 곳에 알맞은 수를 써 줘.

미리미리 개념 수학 1학년 7

| 개념 익히기 문제 |
간단한 퀴즈 문제를 통해 스스로 개념을 잡을 수 있어요.

| 풀어 보자 |

수학 문제를 딱딱하지 않은
퀴즈로 만들어 재미있게
학습목표에 도달할 수 있어요.

문제마다 학습목표가 있어요.

| 정리해보자 |

앞에서 배운 개념을 한눈에
이해할 수 있도록 정리했어요.

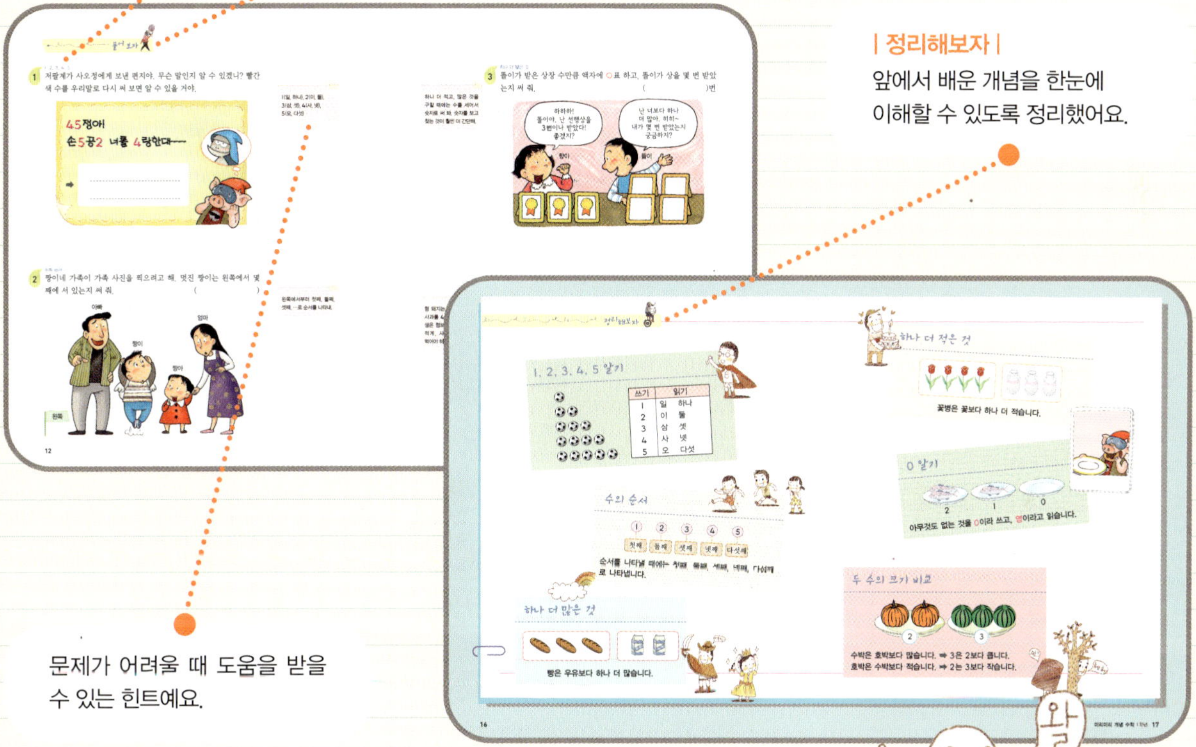

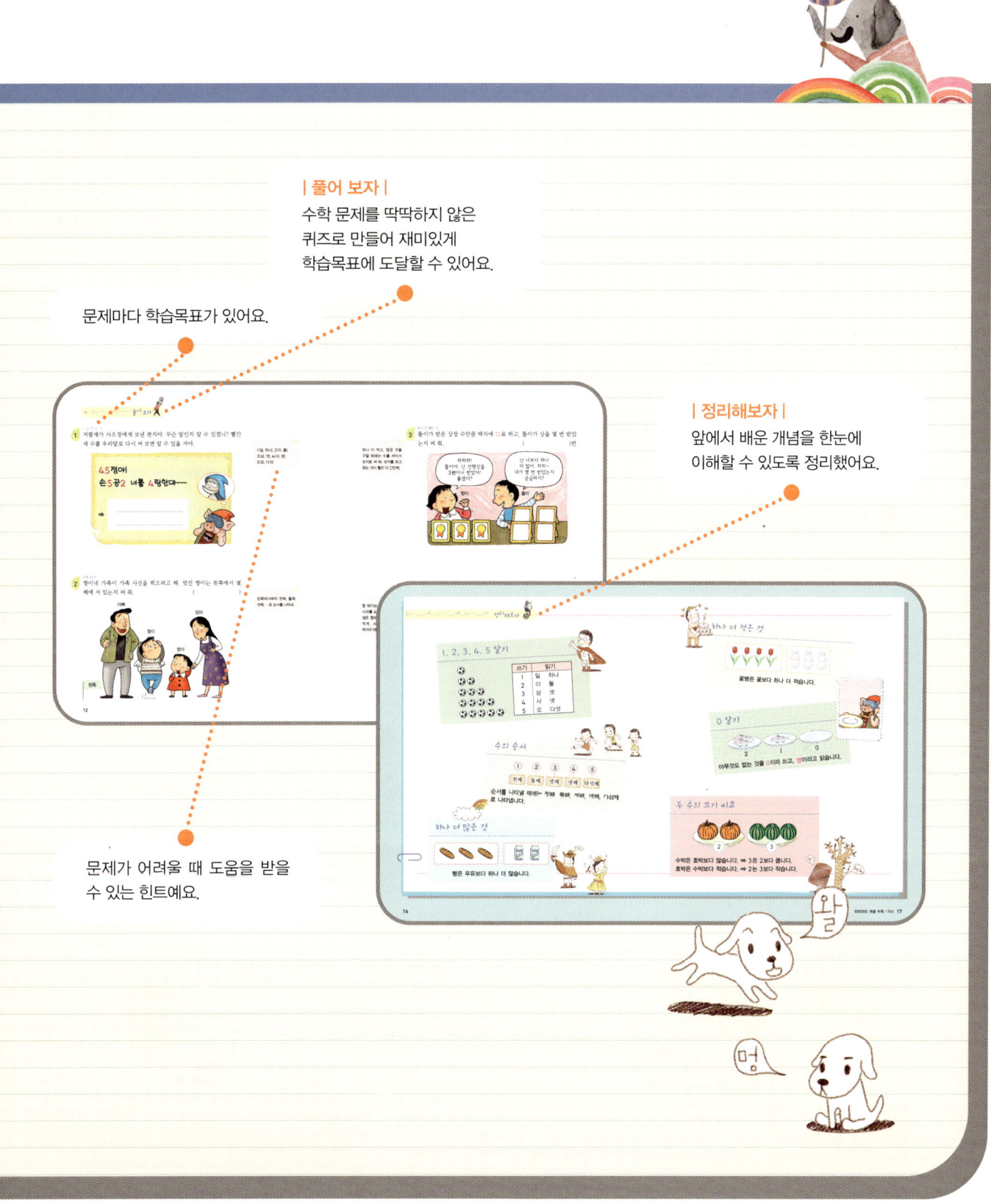

문제가 어려울 때 도움을 받을
수 있는 힌트예요.

1학년 1학기

1 1, 2, 3, 4, 5

호호호호~
나는 세상에서 가장 못생긴 마녀!
하지만 마법의 약을 만들면 난 예쁘게 변신할 수 있어. 기대되는군.
홍당무 하나를 준비하라고?
하나는 1(일)이니까 한 개를 넣고,
퐁당
1
일, 하나
강아지 똥 둘을 넣어라.
둘은 2(이)니까 강아지 똥 두 개!
2
이, 둘
불가사리 셋과 조개껍데기 넷을 넣는다.
셋은 3(삼)이니까 세 개!
3
삼, 셋
넷은 4(사)니까 네 개!
4
사, 넷
고양이 수염 다섯 개를 넣으라구?
다섯이 몇이더라?
대충 대충 넣자. 끝!
펑!
냐아
괴물이다!
으아아악~! 다섯을 몰랐을 뿐인데 이게 뭐냐고….

1, 2, 3, 4, 5를 알아보자.

3은 삼 또는 셋이라고 읽는다.

세상에서 가장 못생긴 마녀가 마법의 약을 만드는 비법이 적힌 책을 보면서 만들고 있어. 홍당무 하나를 넣으라고 하여 홍당무 1개를 넣었고, 강아지 똥 둘을 넣으라고 하여 똥 2개를 넣었어. 강아지 똥이 주변에 아주 많다고 해도 단 2개만 넣어야 해. 둘은 2(이)니까 말이야.

왼쪽 만화에서 불가사리 그림을 보고, 차례대로 세어 봐.

하나, 둘, 셋이라고 셀 수 있지? 셋은 3이야. 숫자 3은 삼이라고 읽을 수 있어. 이번에는 불가사리 바로 아래에 조개껍데기를 볼까? 하나, 둘, 셋, 넷이라고 세어. 넷은 4야. 4는 사라고 읽지. 고양이 수염은 몇 개 넣으랬지? 다섯 개지? 다섯은 5니까 5개를 제대로 넣었다면 마법의 약을 완벽하게 만들었을텐데….

● 엄마와 함께 도너츠를 만들고 있어. 각 접시의 도너츠를 세어 빈 곳에 알맞은 수를 써 줘.

2 수의 순서

1학년 1학기 1단원

거울아, 거울아! 세상에서 누가 제일 예쁘지? 응?
백설 공주 잖아요.
그럼, 내가 백설 공주처럼 예뻐지려면 어떻게 해야 하지?
말 안 하면 확 깨 버린다!
10t
백설 공주가 먹는 예뻐지는 사과를 먹으면 되요.
사방~
오호…
그렇구나. 그런데 그걸 어떻게 가져 오지?
끄응~
난쟁이를 시켜 사과를 가져오게 해야겠다. 화장실에 가려고 순서대로 서 있군.
W·C
빨리 나와! 급해!
첫째
둘째
셋째
넷째
다섯째
난 꼴찌네.
헤~
누굴 꼬드길까? 옳지! 둘째에 서 있는 난쟁이가 멍청해 보이는구나.
난쟁이야~. 난쟁이야~. 너는 지금 졸립다~.
너무 졸려 잠에 빠진다~.
잠에 빠지면 내가 시키는건 뭐든지 다 한다~.
헉! 근데 내가 왜 이렇게 졸립지?
쯧쯧쯧. 거울을 보면서 마법을 거니까 자기가 마법에 걸리지….

1에서 5까지의 수의 순서를 알아보자.

1에서 5까지의 수는 첫째, 둘째, 셋째, 넷째, 다섯째의 순으로 나타낸다.

순서를 정해 본 적 있니? 아마 모두들 있을 거야. 달리기를 할 때에도 먼저 들어온 사람이 1등, 다음으로 들어오면 2등, 3등, 4등, …이 되듯이 말이야. 달리기 뿐만이 아니야. 버스를 탈 때에도 순서대로 올라타고, 친구들과 게임을 할 때에도 순서를 정해 게임을 하지.

왼쪽 만화에서 난쟁이들이 화장실 앞에 줄을 서 있어. 순서를 봐. 첫째, 둘째, 셋째, 넷째, 다섯째의 순서지? 가장 앞에서 기다리는 사람이 첫째, 다음이 둘째, 그 다음이 셋째, 넷째, 다섯째의 순이야. 그럼 첫째는 1, 2, 3, 4, 5의 숫자 중에서 어떤 숫자로 나타내는 것이 가장 좋을까? 1, 2, 3, 4, 5 중에서 가장 처음에 나오는 1이 좋아. 마찬가지로 둘째는 2, 셋째는 3, 넷째는 4, 다섯째는 5로 나타내.

● 왕자를 만나려고 줄을 서 있는 공주들의 순서를 알맞게 써 줘.

3 두 수의 크기 비교

키키마녀.
내 생일 잔치에 꼭 와. 선물 잊지 말고.
친구들을 위해 맛있는 요리를 하자.
귀뚜라미 튀김과 박쥐 구이를 만드는 거야.
비상!
도망가자!
4
3
짠~
어? 접시가 귀뚜라미 튀김보다 하나 더 많네?
튀김을 하나 더 만들어야겠다.
앗~! 귀뚜라미 튀김이 마녀 수보다
하나 더 적어!
에구…. 하나가 모자라니 난 굶어야겠군.
못생긴 마녀야. 생일 축하해!
어서 와. 선물은 잊지 않았겠지?
냠 냠
펑
으아악! 이게 뭐야? 귀뚜라미가 됐잖아.
아하하하! 내가 뭘 또 잘못 넣었나?

수를 비교하여 수의 크고, 작음을 알아보자.

4는 3보다 큰 수, 3은 4보다 작은 수이다.

마녀가 친구들을 위해 준비한 접시 수를 세어 보자. 하나, 둘, 셋, 넷! 모두 넷이야. 이번에는 귀뚜라미 튀김을 세어 볼까? 하나, 둘, 셋! 모두 셋이야. 귀뚜라미 튀김과 접시를 하나씩 짝지어 보면 접시가 하나 남아. 접시는 4개, 귀뚜라미 튀김은 3개로 접시가 귀뚜라미 튀김보다 하나 더 많아. 여기서 알 수 있듯이 4는 3보다 큰 수야.

반대로 이야기 해 볼까? 3은 셋, 4는 넷을 의미해. 셋은 넷보다 하나 더 적은 양이야. 그래서 3은 4보다 작은 수!

● 흥부와 놀부네 집에 박이 열렸어. 누구네 집에 박이 더 많이 열렸는지 □ 안에 알맞게 써 줘.

둥그런 박이 흥부네 집에는 □개, 놀부네 집에는 □개 열렸어요.

박은 □네 집에 더 많이 열렸네요.

풀어 보자

I, 2, 3, 4, 5

1 저팔계가 사오정에게 보낸 편지야. 무슨 말인지 알 수 있겠니? 빨간색 수를 우리말로 다시 써 보면 알 수 있을 거야.

I(일, 하나), 2(이, 둘), 3(삼, 셋), 4(사, 넷), 5(오, 다섯)

수의 순서

2 짱이네 가족이 가족 사진을 찍으려고 해. 멋진 짱이는 왼쪽에서 몇째에 서 있는지 써 줘. (   )

왼쪽에서부터 첫째, 둘째, 셋째, …로 순서를 나타내.

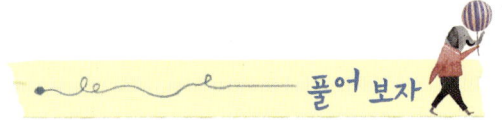

하나 더 많은 것

3 똘이가 받은 상장 수만큼 액자에 ○표 하고, 똘이가 상을 몇 번 받았는지 써 줘. (　　　　　)번

하나 더 적고, 많은 것을 구할 때에는 수를 세어서 숫자로 써 봐. 숫자를 보고 찾는 것이 훨씬 더 간단해.

하나 더 적은 것

4 동생 돼지는 형보다 꼭 하나씩 적게 먹어. 동생 돼지가 먹는 음식의 개수를 접시에 알맞게 써 줘.

형 돼지는 햄버거를 3개, 사과를 4개 먹었구나. 동생은 형보다 햄버거도 1개 적게, 사과도 1개 적게 먹어야 해.

풀어 보자

하나 더 많은 것, 적은 것

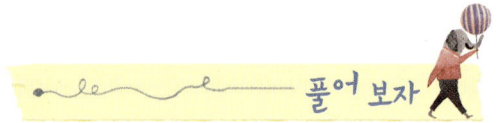

5 냉장고에 사과, 바나나, 포도, 귤 모양의 과일 자석이 붙어 있어. 수를 세어 □ 안에 알맞게 써 줘.

숫자 1, 2, 3, 4, 5를 비교할 때에는 큰 수, 작은 수라고 해. 물건의 개수인 한 개, 두 개, 세 개 등을 비교할 때에는 많은 것, 적은 것이라고 말하지.

사과 모양 □개

바나나 모양 □개

포도 모양 □개

귤 모양 □개

사과보다 하나 더 적은 것은 □이고,

바나나보다 하나 더 많은 것은 □야.

0 알기

6 호랑이가 생일 잔치를 열었어. 초대된 친구들을 각각 세어 수를 써 봐.

동물들을 잘 살펴보면 그림에 없는 동물 이름도 있을 거야.

다람쥐	마리

하마	마리

사슴	마리

두 수의 크기 비교

7 흥부네보다 더 많은 호박이 열린 곳은 누구네일까?

( )

흥부네 호박은 4개가 열렸어. 그럼 4개보다 더 많은 호박이 열린 곳은 누구네일까?

두 수의 크기 비교

8 방귀를 연속으로 많이 뀐 사람이 이기는 게임이야. 돌쇠와 뺑덕 중 누가 이겼을까?

( )

1, 2, 3, 4, 5의 크기를 먼저 잘 생각해 봐. 두 수씩 비교하는 것은 식은 죽 먹기라구.

정리해보자

1, 2, 3, 4, 5 알기

쓰기	읽기	
1	일	하나
2	이	둘
3	삼	셋
4	사	넷
5	오	다섯

수의 순서

1	2	3	4	5
첫째	둘째	셋째	넷째	다섯째

순서를 나타낼 때에는 첫째, 둘째, 셋째, 넷째, 다섯째로 나타냅니다.

하나 더 많은 것

빵은 우유보다 하나 더 많습니다.

하나 더 적은 것

꽃병은 꽃보다 하나 더 적습니다.

0 알기

아무것도 없는 것을 0이라 쓰고, 영이라고 읽습니다.

두 수의 크기 비교

수박은 호박보다 많습니다. ➡ 3은 2보다 큽니다.
호박은 수박보다 적습니다. ➡ 2는 3보다 작습니다.

4 6, 7, 8, 9

-알림-
시합에서 1등을 하는 남자와 공주를 결혼시키겠다.
와글
세상에서 가장 훌륭한 재주를 가진 남자와 공주를 결혼 시킬 것이다.
와~ 예쁘다.
1등 하면 공주랑 결혼할 수 있다니….
와글
어서 가야지!
나도!
6
육, 여섯
휘익
저는 세상에서 입이 제일 큽니다. 달걀 6개를 한꺼번에 입에 넣을 수 있습니다.
미련한 것!
저는 바퀴 벌레를 훈련 시켰습니다.
제 마음대로 조종할 수 있습니다.
7
칠, 일곱
지저분한 것!
저는 맛있는 요리를 할 수 있습니다.
1, 2, 3, 4, 5, 6, 7, 8! 문어 다리 8개로 맛있게 만들어 드리죠.
8
팔, 여덟
징그러!
넌 어떤 재주를 보여 주겠느냐?
제가 힘을 한 번 주면 이곳에 있는 모든 사람들을 기절시킬 수 있습니다.
1, 2, 3, 4, 5, 6, 7, 8, 9!
뽕 뽕 뽕 뽕 뽕 뽕 뽕 뽕 뽕
9
구, 아홉
아악! 독가스다. 도망쳐라!

6, 7, 8, 9를 알아보자.

6은 육 또는 여섯이라고 읽는다.

하하, 만화가 참 재미있다! 방귀를 아홉 번이나 연속으로 뀌어 대다니 말이야. 우리는 5까지의 수를 세어서 쓰고, 읽을 수 있어. 하지만 세상에는 5개가 넘는 물건이 더 많아.

왼쪽 만화에서도 5까지의 수만 알고 있었다면 여섯 개의 달걀의 수는 세지 못했을 거야. 5보다 하나 더 큰 수라고만 알고 있으면 된다고? 그래도 돼. 하지만 이보다 더 큰 수가 나오면 머릿속이 복잡해져서 수를 세는 것을 포기해 버릴지도 몰라. 하나, 둘, 셋, 넷, 다섯이라고 센 것과 같이 수를 세어 보자. 다섯 다음에는 차례로 여섯, 일곱, 여덟, 아홉으로 세면 돼. 수로 쓸 때는 여섯은 6, 일곱은 7, 여덟은 8, 아홉은 9라고 써.

● 두 친구에게 충치가 생겼대. 두 친구의 충치를 각각 세어 충치 수에 ○표 해 줘.

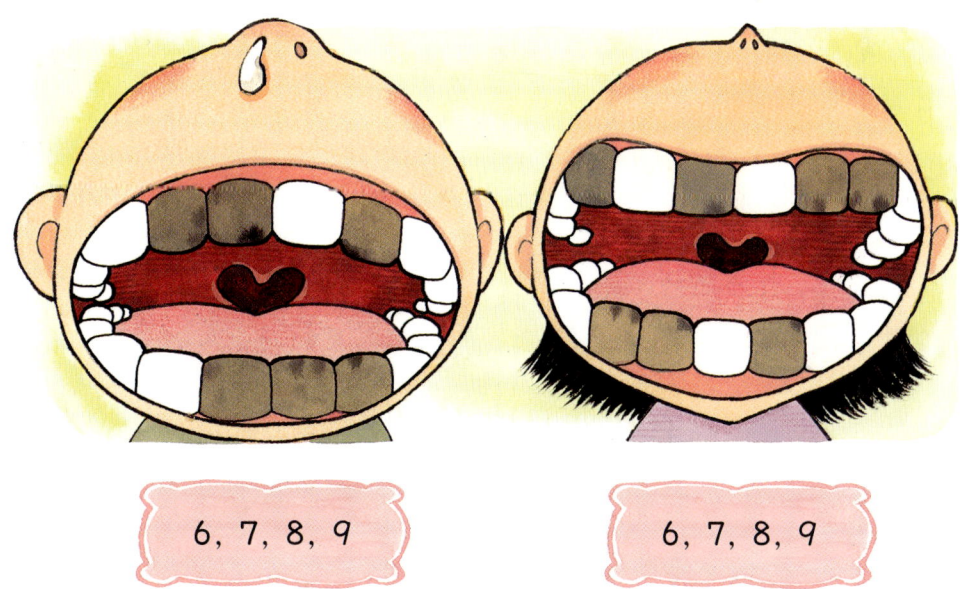

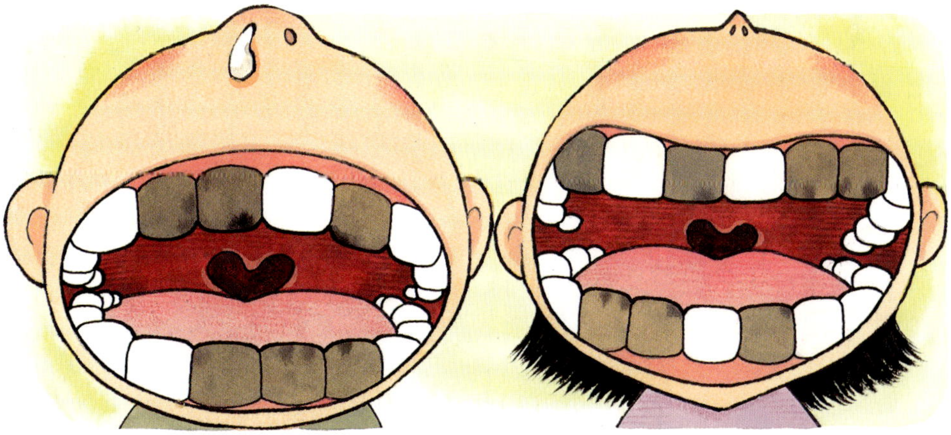

6, 7, 8, 9　　　　6, 7, 8, 9

5 수의 순서

1학년 1학기 2단원

우르르~
바이킹
자, 모두 차례로 줄을 서세요!
첫째,
둘째,
셋째, 넷째, 다섯째, 그리고…
그리고… 그 다음이 뭐더라?
와하하하
수의 순서를 셀 줄 모르는구나!
난 아홉째!
난 여덟째네.
난 일곱째로 탄다.
다섯째 다음은 여섯째!
빈 자리가 없어서 여덟째까지밖에 탈 수 없는데….
나는 여덟째, 피노키오가 아홉째니까 피노키오는 탈 수 없네…. 하하하!
CLOSE
이익~
이젠 내가 여덟째니까 탈 수 있지요?
쭈우욱
코만 길다고 여덟째는 아니죠. 성냥팔이 소녀까지 타세요.
힝~
만세!

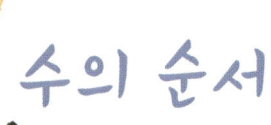

6에서 9까지의 수의 순서를 알아보자.

6에서 9까지의 수는 여섯째, 일곱째, 여덟째, 아홉째의 순으로 나타낸다.

동화 속 주인공들이 놀이기구를 타려고 줄을 섰어. 놀이공원의 직원이 순서대로 빈자리에 태우는구나. 그런데 맨 마지막인 아홉째에 있던 피노키오만 놀이기구를 타지 못했네? 이런 순서는 어떻게 매기는 거지?

수의 순서는 앞에서부터 차례로 세는 거야. 다섯째 다음으로 여섯째, 일곱째, 여덟째, 아홉째로 세어 봐. 1부터 9까지의 수 중에서 여섯째는 6으로 나타내는 것이 가장 좋겠지? 숫자 6이 여섯째의 수이니까 말이야. 마찬가지로 일곱째는 7, 여덟째는 8, 아홉째는 9로 나타내는 것이 가장 좋아.

● 어른들이 찾고 있는 아이가 앞에서부터 몇째에 서 있는지 줄로 이어 줘.

사탕을 먹는 아이에요. •	• 다섯째
	• 여섯째
책을 보는 아이죠. •	• 일곱째
	• 여덟째
모자를 쓴 아이에요. •	• 아홉째

풀어 보자

6, 7, 8, 9

1 카드에 그려져 있는 그림의 개수와 수가 맞지 않는 카드가 2장 있어. 모두 찾아 ○표 해 줘.

그림의 개수가 카드에 써 있는 수와 같은지 차근차근 잘 봐.

6, 7, 8, 9

2 멋진 무지개 다리 위에서 친구들이 재미있게 미끄럼틀을 타고 있어. 무지개 색은 모두 몇 가지인지 무지개에 차례로 수를 써 보며 알아 봐. (　　　　　　)가지

6, 7, 8, 9

3 그림을 보고, 짱이네 전화 번호를 받아 적어 봐.

6(육, 여섯), 7(칠, 일곱), 8(팔, 여덟), 9(구, 아홉)

바둑아! 어서 집에 전화 해! 전화 번호는 '**팔팔구**'에 '**구칠오육**'이야!
—

수의 순서

4 그림에서 둘째 줄의 왼쪽에서 일곱째에 앉아 있는 아이가 향이래. 향이를 찾아 ○표 해 봐.

수는 1, 2, 3, 4, …로 쓰고, 순서는 첫째, 둘째, 셋째, 넷째, …와 같이 말해.

풀어 보자

수의 순서

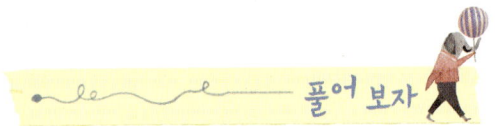

5 별님 기차의 앞에서부터 여덟째 아이와 달님 기차의 앞에서부터 다섯째 아이의 손을 줄로 이어 줘.

기차가 서로 반대로 가고 있어. 먼저 기차의 앞쪽이 어디인지 찾아야 해.

두 수의 크기 비교

6 다음 중 가장 큰 번호의 채널을 보고 있는 아이는 누구일까?

(　　　　　　　　)

세 수의 비교
① 두 수씩 비교하기
② 순서대로 써 보기

1 작은 수

7 상품권 추첨을 하는데 추첨을 한 사람이 당첨 번호를 잘못 썼지 뭐야. 상품을 받게 되는 사람은 누구일까? (　　　　　　　　)

당첨 번호인 7보다 1 작은 수는 얼마일까?

1 큰 수

8 마녀를 만나려면 1씩 큰 수들을 따라 가야 해. 마녀가 있는 곳은 몇 층인 성일까? (　　　　　　　　)층인 성

2보다 1 큰 수의 배를 타고 배에 쓰여진 수보다 1 큰 수의 꽃을 지나고, 또 그 수보다 1 큰 수의 성을 찾아가면 돼.

6, 7 알기

6 (육, 여섯)

7 (칠, 일곱)

6은 육 또는 여섯이라 읽고, 7은 칠 또는 일곱이라고 읽습니다.

수의 순서

1	2	3	4	5
첫째	둘째	셋째	넷째	다섯째

6	7	8	9
여섯째	일곱째	여덟째	아홉째

수의 순서는 앞에서부터 차례대로 셉니다.

8, 9 알기

8 (팔, 여덟)

9 (구, 아홉)

8은 **팔** 또는 **여덟**이라고 읽고, 9는 **구** 또는 **아홉**이라고 읽습니다.

두 수의 크기 비교

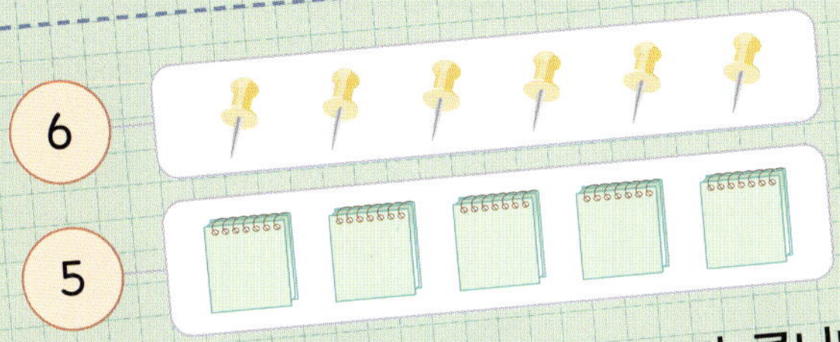

핀은 메모지보다 많습니다. ➡ 6은 5보다 큽니다.
메모지는 핀보다 적습니다. ➡ 5는 6보다 작습니다.

1 큰 수와 1 작은 수

1 작은 수		1 큰 수
1	2	3
2	3	4
3	4	5

6 여러 가지 모양 알기

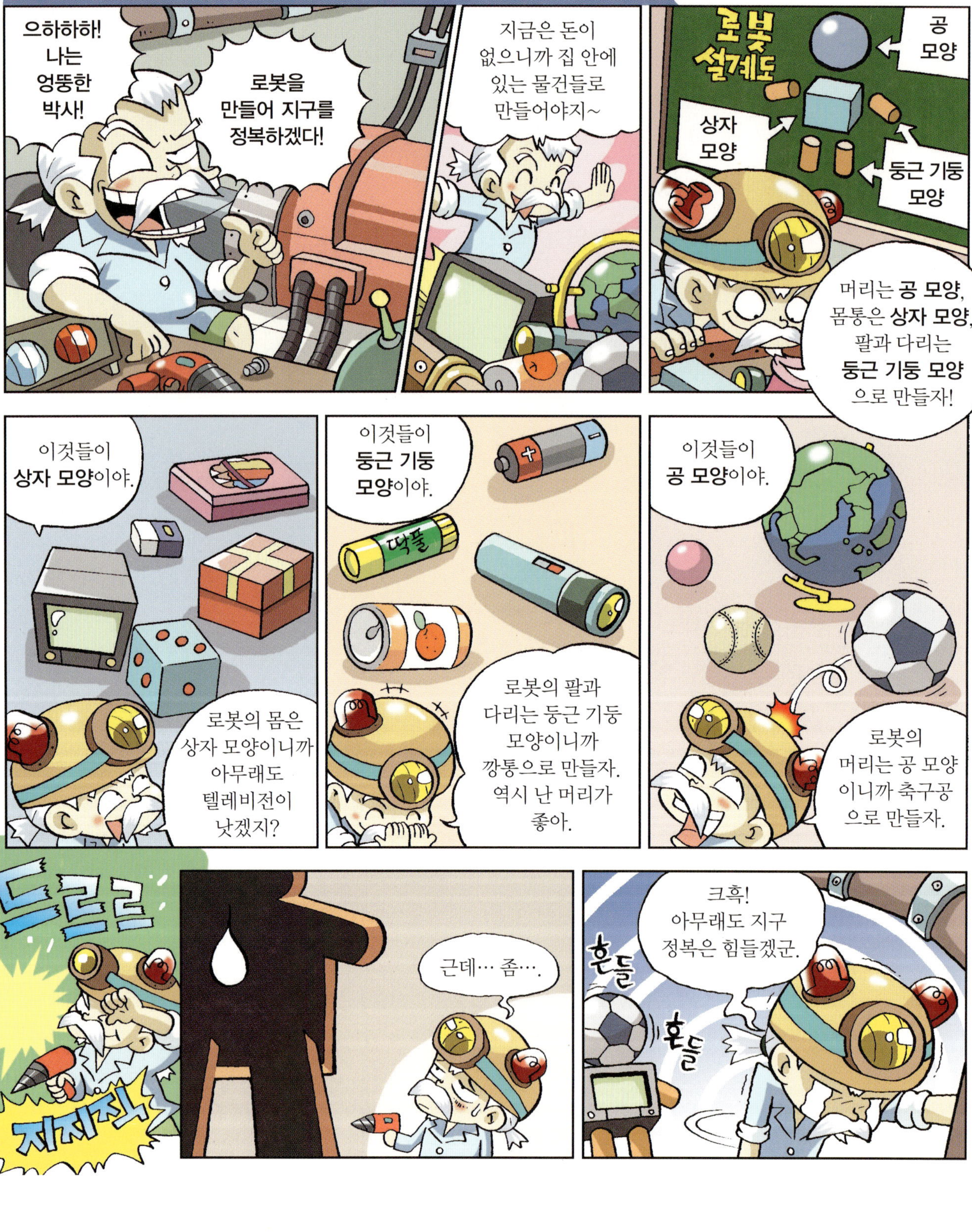
으하하하! 나는 엉뚱한 박사!
로봇을 만들어 지구를 정복하겠다!
지금은 돈이 없으니까 집 안에 있는 물건들로 만들어야지~
로봇 설계도
공 모양
상자 모양
둥근 기둥 모양
머리는 **공 모양**, 몸통은 **상자 모양**, 팔과 다리는 **둥근 기둥 모양**으로 만들자!
이것들이 **상자 모양**이야.
로봇의 몸은 상자 모양이니까 아무래도 텔레비전이 낫겠지?
이것들이 **둥근 기둥 모양**이야.
딱풀
로봇의 팔과 다리는 둥근 기둥 모양이니까 깡통으로 만들자. 역시 난 머리가 좋아.
이것들이 **공 모양**이야.
로봇의 머리는 공 모양이니까 축구공으로 만들자.
드르르
지지직
근데… 좀….
크흑! 아무래도 지구 정복은 힘들겠군.
흔들
흔들

상자 모양, 둥근 모양, 공 모양을 알아보자.

주사위는 상자 모양이다.

엉뚱한 박사의 집에는 여러 가지 물건들이 많아. 로봇을 만들 재료들 말이야. 우리 집에도 있는 것들이야. 그런데 크게 세 가지 모양의 것들로 분류해 놓았어. 크기는 다르지만 모양이 비슷하네?

텔레비전, 주사위, 선물상자, 지우개, 필통은 모두 어느 쪽에서 보아도 평평한 상자 모양이야. 풀, 건전지, 손전등, 깡통 모양을 봐. 위와 아래는 평평하지만 옆이 둥글어. 이런 모양을 둥근 기둥 모양이라고 해. 마지막으로 지구본, 축구공, 야구공은 어느 쪽에서 보아도 둥근 모양이야. 공처럼 둥그니까 공 모양이라고 하지. 모양의 이름이 어렵지는 않지? 생긴 모양대로 이름을 만들었으니까 말이야.

● 친구들이 가지고 있는 초를 찾아 줄로 이어 줘.

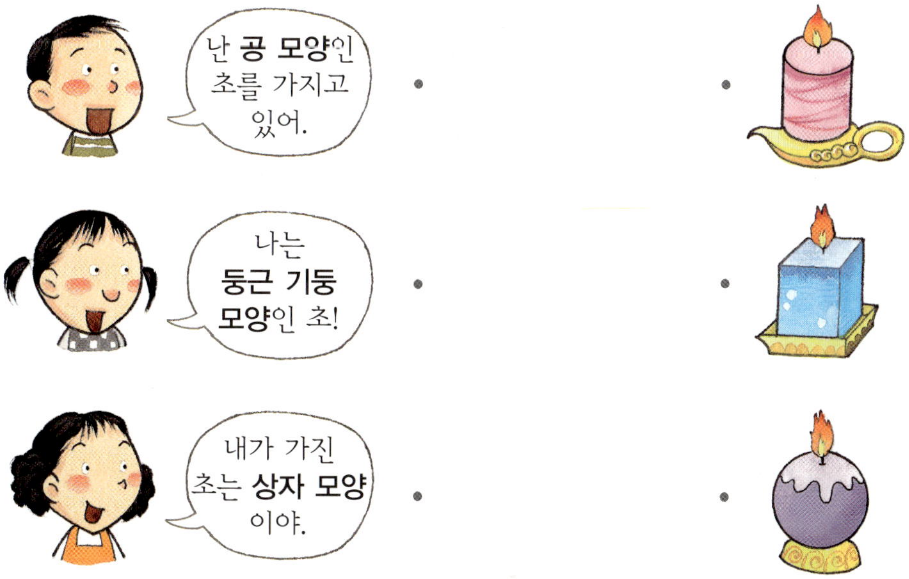

7 여러 가지 모양 만들기

1학년 1학기 3단원

상자 모양, 둥근 기둥 모양, 공 모양으로 여러 모양을 만들어 보자.

여러 모양으로 모양을 만들 수 있다.

스스로를 천재 박사라고 부르는 엉뚱한 박사는 정말 엉뚱하게도 고민 끝에 만들었던 로봇 설계도를 잃어버리고 말았어.

박사는 여러 가지 모양을 사용하여 다양한 방법으로 로봇을 만들어 보고 있지만 계속해서 실패했어. 하지만 여기서 알 수 있는 것!

상자 모양, 둥근 기둥 모양, 공 모양을 이용하여 포개어 쌓아 보고, 돌리고 이동하여 여러 가지 모양을 만들 수 있다는 거야. 또 한 가지의 모양을 여러 가지 크기로 사용하여 만들 수도 있어.

둥근 기둥 모양 7개로 만든 로봇 모양을 봐. 둥근 기둥 모양이지만 각각의 크기는 달라. 로봇이 아니라 마치 강아지 같지만 박사 덕분에 여러 가지 모양을 만드는 방법을 배웠어. 고마워요, 엉뚱한 박사!

- 할아버지가 만든 피노키오는 어느 것일까? (   )

공 모양 1개,
상자 모양 3개,
둥근 기둥 모양 5개로
만들었지. 허허!
❶
❷
❸

8 규칙 찾기

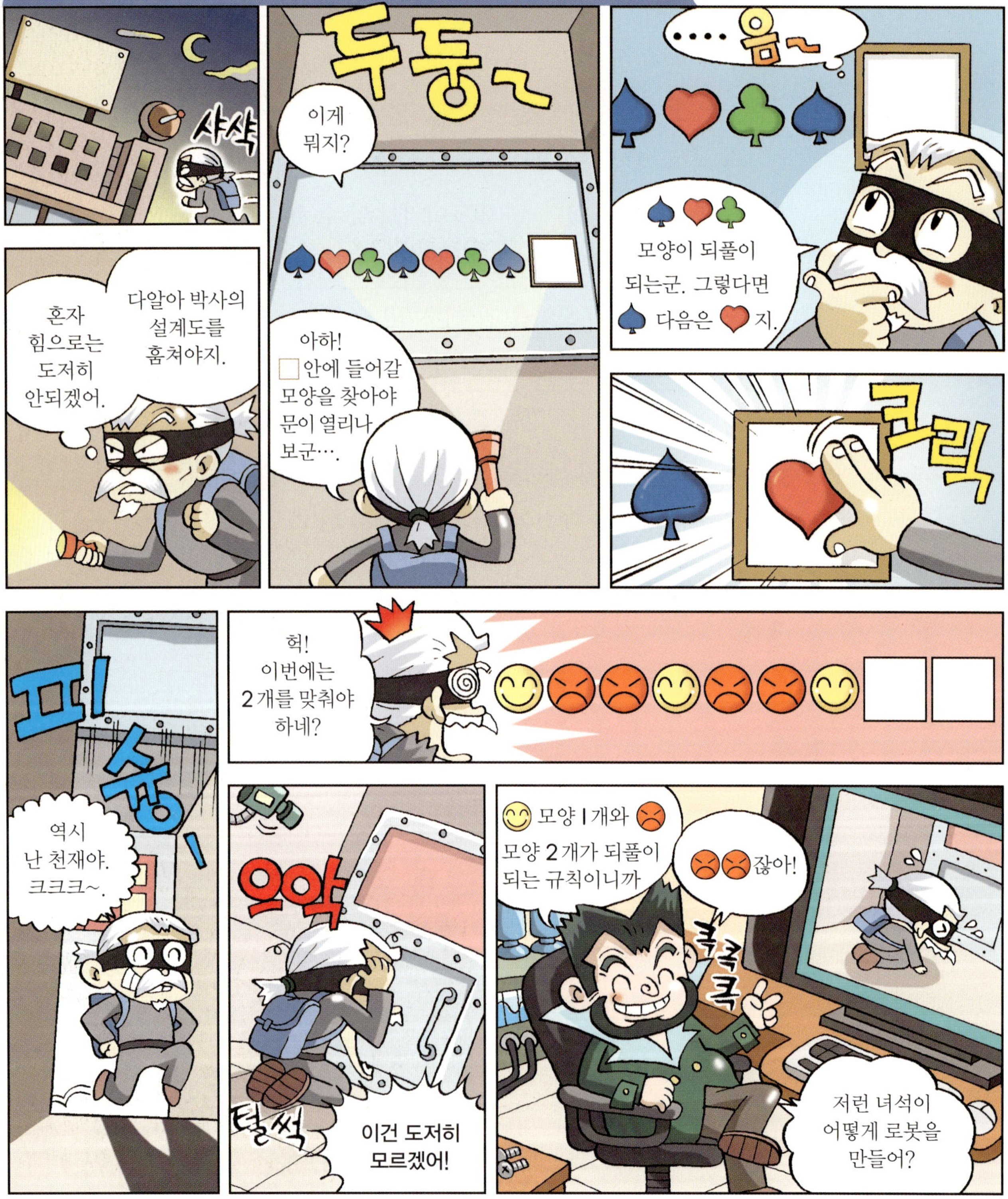

사샥
두둥~
이게 뭐지?
아하! □ 안에 들어갈 모양을 찾아야 문이 열리나 보군….
…. 음~
♠♥♣ 모양이 되풀이 되는군. 그렇다면 ♠ 다음은 ♥ 지.
혼자 힘으로는 도저히 안되겠어.
다알아 박사의 설계도를 훔쳐야지.
크릭
헉! 이번에는 2개를 맞춰야 하네?
피슝
역시 난 천재야. 크크크~.
으악
털썩
이건 도저히 모르겠어!
모양 1개와 모양 2개가 되풀이 되는 규칙이니까
잖아!
킥킥킥
저런 녀석이 어떻게 로봇을 만들어?

여러 가지 규칙을 찾아보자.

쿵짝쿵짝은 '쿵짝'이 반복되는 규칙이다.

드디어 엉뚱한 박사가 일을 저질렀구나. 로봇 만들기의 천재 다알아 박사의 설계도를 훔치기 위해 몰래 건물로 들어가려고 해. 결국 문이 열리는 도형을 맞추지 못하여 물러나야만 했지. 😊😠😠 모양이 되풀이되고 있는데 그것을 눈치채지 못했잖아. 마지막에 빈 칸이 2개나 있어서 문제를 풀어보려고 하지도 않고 겁부터 먹은 건 아닐까? 도형의 규칙만 잘 찾으면 되는데….

실생활에서도 규칙을 찾을 수 있어.

쿵짝쿵짝 음악 시간을 생각해 봐. '쿵' 하고 강하게 발을 구르고! '짝' 하고 손뼉을 치면서 음악에 장단을 맞추지? '쿵' 과 '짝' 이 계속 반복되어 쿵짝쿵짝 쿵짝…하며 규칙적인 리듬을 만드는 거야.

● 개미들이 규칙에 따라 짐을 가져 가고 있어. 규칙에 맞지 않게 짐을 가지고 가는 개미를 찾아 ○표 해 줘.

풀어 보자

여러 가지 모양 알기

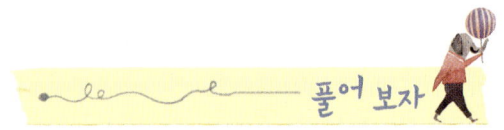

1 임금님이 아이에게 주기로 한 다이아몬드가 든 병을 찾아 ○표 해 줘.

위와 아래는 평평하지만 옆이 둥근 것을 골라야겠지?

여러 가지 모양 찾기

2 세 요정이 망원경으로 각 모양의 일부분을 살펴보고 있어. 어떤 모양을 보고 있는지 각각 줄로 이어 줘.

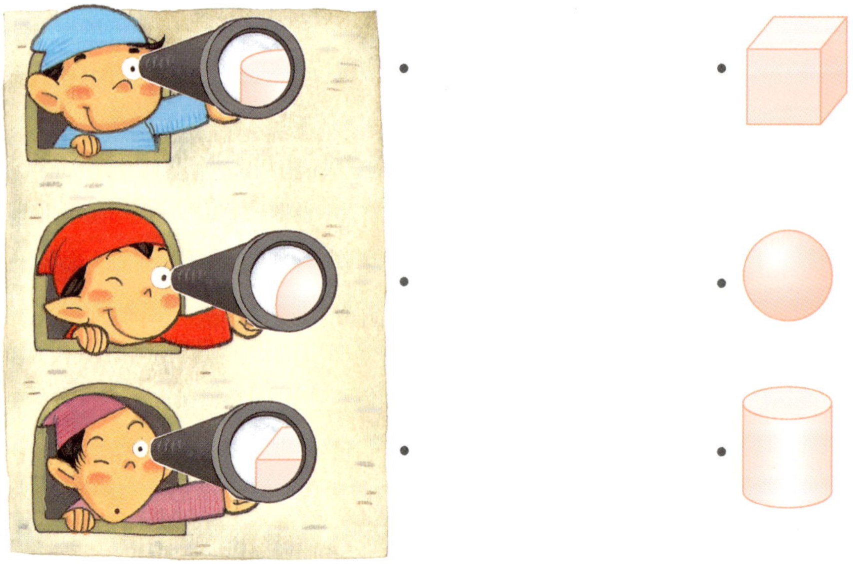

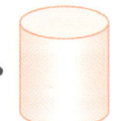

망원경 안에 보이는 모양의 일부분을 잘 살펴보면 쉽게 알 수 있을 거야.

여러 가지 모양 알기

3 상자 모양, 둥근 기둥 모양, 공 모양 중 나는 누구인지 알아맞혀 봐.

굴러가는 모양은 공 모양과 둥근 기둥 모양이 있어.

여러 가지 모양 만들기

4 여러 가지 모양으로 로봇과 탱크를 만들었어. 어느 것에 상자 모양을 더 많이 사용하였을까? (   )

평평한 면으로만 이루어진 모양을 찾아 개수를 비교해 봐.

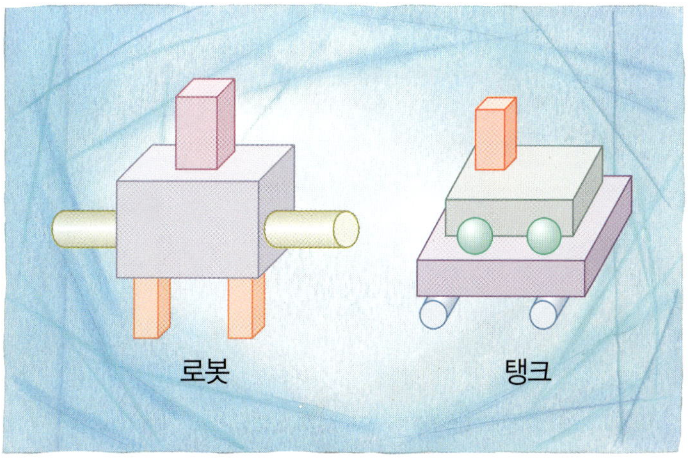

여러 가지 모양 찾기

5 마법사 콩이의 방에서 공 모양, 둥근 기둥 모양, 상자 모양인 물건을 한 개씩 찾아 이름을 써 줘.

마법사 콩이의 방에는 여러 개의 공 모양, 둥근 기둥 모양, 상자 모양이 있어. 그 중 한 개씩만 찾는 것은 어렵지 않지?

공 모양 (　　　　　　　　)

둥근 기둥 모양 (　　　　　　　　)

상자 모양 (　　　　　　　　)

규칙 찾기

6 게임왕인 곤이의 가위바위보에는 규칙이 있어. 곤이가 이번에 내는 것에 ○표 해 줘.

곤이의 가위바위보 규칙은 보, 바위, 가위야. 그렇다면 가위 다음은?

작품들이 놓인 규칙을 찾아보렴.
규칙을 알면 도둑이 누군지는 금방 알 수 있을 거야.

규칙 찾기

7 미술관에 규칙적으로 놓인 작품 중에서 도둑이 하나를 훔쳐갔어. 누가 도둑일까? (　　　　　)

❶ 

❷ 

❸ 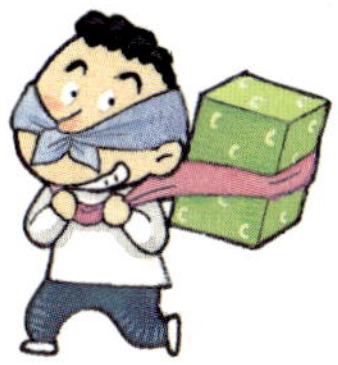

첫째는 금화,
둘째는 열쇠,
셋째는 목걸이,
넷째는 금화,
다섯째는 열쇠,
여섯째는 목걸이,
일곱째는 금화니까
여덟째는 뭘까?
규칙이 눈에 보이지?

규칙 찾기

8 길을 따라 규칙적으로 놓여 있는 보물을 찾아 가고 있어. 여덟째의 닫힌 상자 안에 든 보물을 찾아봐. (　　　　　)

❶ 

❷ 

❸ 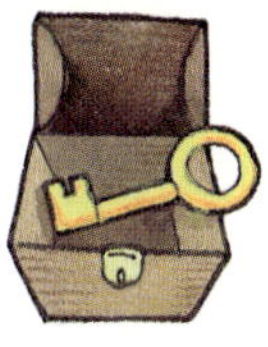

정리해보자

여러 가지 모양 알기

 — 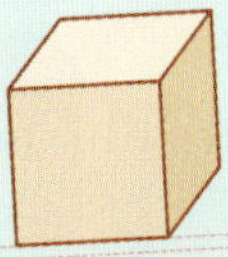 — 상자 모양

 —  — 둥근 기둥 모양

 —  — 공 모양

여러 가지 모양의 특징

• 상자 모양

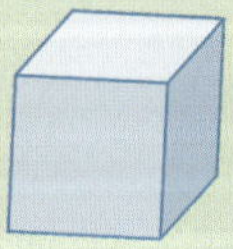

평평한 면으로만 이루어진 모양입니다.

• 둥근 기둥 모양

평평한 면과 굽은 면으로 이루어진 모양입니다.

• 공 모양

굽은 면으로만 이루어진 모양입니다.

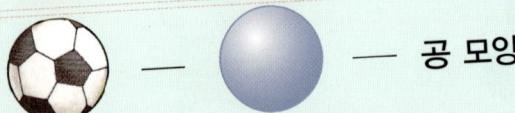

여러 가지 모양 만들기

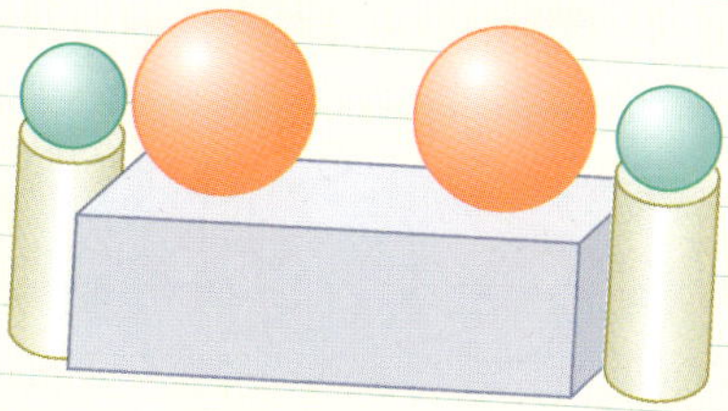

상자 모양 1개, 둥근 기둥 모양 2개, 공 모양 4개로 만든 모양입니다.

규칙 찾기

- ◇ ✚ 이 되풀이되는 규칙입니다.
- □ 안에 알맞은 모양은 ◇ 입니다.

9 두 수로 가르기

5는 1과 4로 가를 수 있으니까 원숭이들에게 바나나를
5
1
4
아침에 1개, 저녁에 4개를 줘야겠다.
바나나를 더 달라!
아침에 1개, 저녁에 4개는 부족하다!
더 달라, 더 달라!
대장
바나나가 부족해서 하루에 5개밖에 못 준단 말이야.
그럼, 이번에는 아침에 4개, 저녁에는 1개를 주는 거야.
5
4
1
며칠 후
이상하다….
지난 번하고 똑같이 배가 고파.
으~…
대장
대장…, 배고파….
바나나를 더 달라!
아침에 4개, 저녁에 1개는 부족하다!
대 장
부족하다! 부족하다!
다른 방법을 써야겠군.
5는 2와 3으로 가를 수 있으니까 이번에는 아침에 2개, 저녁에 3개를 주는 거야.
5
2
3
인심 썼다. 앞으로는 아침에 2개, 저녁에 3개를 주겠다.
와~ 또 해냈어.
역시 대장이야!
대장
후훗!
꼬르륵
크크크… 1과 4, 4와 1, 2와 3으로 가른 수는 모두 똑같은 5인 줄도 모르고….
여전히 배가 고파요.
대장
그것 참 이상하네….

수를 가르기 해 보자.

5는 2와 3으로 가를 수 있다.

이제 수를 세는 것은 잘 할 수 있지? 바나나 5개가 있는데 왼쪽에 1개를 두고, 오른쪽에 4개를 둬 봐. 바나나는 5개로 변함이 없지만 왼쪽과 오른쪽에 있는 바나나의 수는 다르지. 이렇게 한 수를 둘로 나누어 나타내는 것을 가르기라고 해.

또 손가락으로 쉽게 생각해 봐. 다섯 개의 손가락 중에서 1개만 접어. 그리고 펴고 있는 손가락의 수를 세어 봐. 4개야.

수를 두 수로 가르는 방법은 이미 눈치 챘겠지만 한 가지가 아니겠지? 한쪽에 만약 2개를 두었다면 반대 쪽에 3개를 둘 수 있을 거야. 그러면 5를 2와 3으로 가른 거야. 원숭이들은 이런 것도 모르고 사육사에게 속아 넘어갔어. 우리는 수를 가르는 방법을 몰랐던 대장 원숭이처럼 실수할 일은 없겠지?

- 같은 두 그림을 보고, 지워진 부분에는 몇 마리의 동물이 있는지 빈 곳에 알맞은 수를 써 줘.

10 두 수를 모으기

1학년 1학기 4단원

모두 모였냐?
배가 고파서 도저히 못 살겠다.
오늘 밤 모두 이곳을 탈출한다.
대장
우리가 모두 몇 마리지?
여자 원숭이 2마리와 남자 원숭이 3마리 입니다.
2마리와 3마리를 모으면, 모두 5마리입니다.
2
3
5
비상 식량을 잘 챙겨라. 우리는 바나나의 천국 아프리카로 간다.
대장
첨벙
첨벙
대장
헉헉헉…. 모두 건너 왔는지 수를 세어 보아라.
네, 대장!
남자 원숭이 2마리, 여자 원숭이 2마리를 모으니, 모두 4마리입니다.
이상하구나! 우리는 5마리인데 대체 1마리가 어디로 갔단 말이냐?
에잇! 실패다. 1마리를 두고 왔다. 다시 돌아가자!
미쳐!
제가 세어 보겠습니다.
남자 원숭이 3마리, 여자 원숭이 1마리를 모으니, 모두 4마리입니다.
뭐라구?
대장
바보들~. 자기 자신은 세지 않고, 다른 원숭이만 세니까 1마리가 부족 하지.

수를 모으기 해 보자.

1과 6을 모으면 7이다.

앞에서 5를 1과 4, 2와 3 등으로 가를 수 있음을 알았어. 갈랐던 수들을 다시 모아볼까? 다시 모으면 처음의 수가 나올 거야. 또 하나의 예로 물고기가 1마리 있는 어항과 6마리가 있는 어항의 물고기의 수를 모아 보자. 쉽게 생각해 봐. 하나에서 여섯이 될 때까지 세어 봐.

이렇게 1과 6을 모으면 7! 가르기에서도 그랬지만 두 수를 모아 7을 만드는 방법도 한 가지가 아니야. 2와 5를 모으거나, 3과 4를 모아서 만들 수도 있어.

가르고 모으기는 덧셈과 뺄셈의 가장 기본 개념이니까 정확하게 알아두길 바래.

- 양쪽 길에서 친구들이 출발했어. 친구들이 모두 모이면 몇 명이 될까?

왼쪽에서 ☐ 명이 출발했고, 오른쪽에서 ☐ 명이 출발했어.

친구들은 모두 ☐ 명이 모일 거야.

11 덧셈, 덧셈식

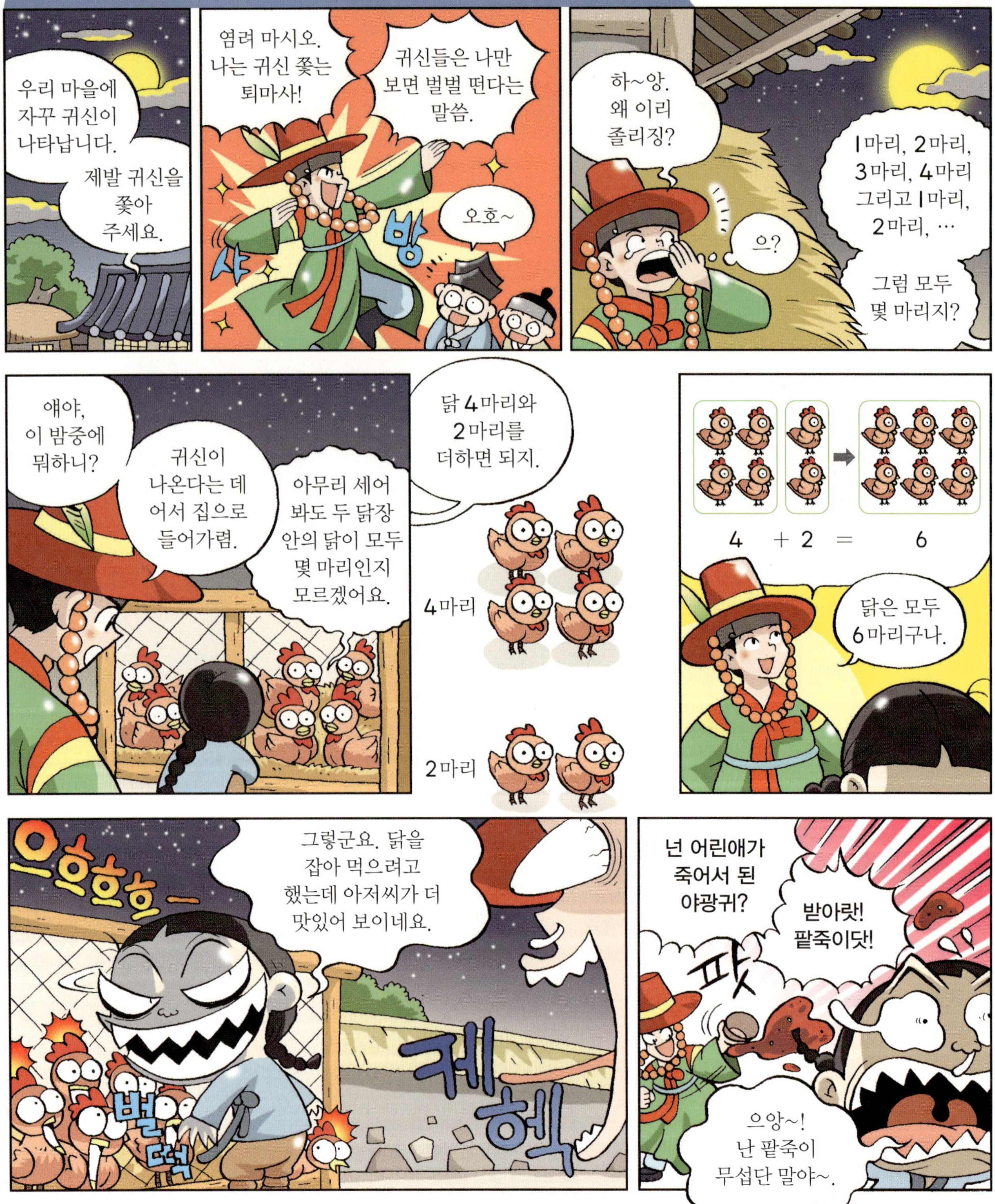
우리 마을에 자꾸 귀신이 나타납니다.
제발 귀신을 쫓아 주세요.
염려 마시오. 나는 귀신 쫓는 퇴마사!
귀신들은 나만 보면 벌벌 떤다는 말씀.
샤
방
오호~
하~암. 왜 이리 졸리징?
으?
1마리, 2마리, 3마리, 4마리 그리고 1마리, 2마리, …
그럼 모두 몇 마리지?
얘야, 이 밤중에 뭐하니?
귀신이 나온다는 데 어서 집으로 들어가렴.
아무리 세어 봐도 두 닭장 안의 닭이 모두 몇 마리인지 모르겠어요.
닭 4마리와 2마리를 더하면 되지.
4마리
2마리
4 + 2 = 6
닭은 모두 6마리구나.
으흐흐흐~
그렇군요. 닭을 잡아 먹으려고 했는데 아저씨가 더 맛있어 보이네요.
벌떡
게헥
넌 어린애가 죽어서 된 야광귀?
받아랏! 팥죽이닷!
팟
으앙~! 난 팥죽이 무섭단 말야~.

덧셈을 하고, 덧셈식을 쓰고, 읽을 수 있다.

4+2는 '4 더하기 2'라고 읽는다.

닭장이 둘로 나누어져 있어. 닭이 한쪽에는 4마리, 다른 쪽에는 2마리가 있어. 닭이 모두 몇 마리가 있는지 알아보려면 어떻게 해야 할까?

두 닭장에 있는 닭의 수를 모으면 되겠지? 4마리와 2마리를 모으거나 합하는 것을 기호로 '+'로 표현해. 이 기호는 '더하기'라고 읽어. 이제 닭의 전체 수를 4+2라고 쓰고, '4 더하기 2'라고 읽어 봐.

4와 2의 합은 몇일까? 닭장 속의 닭은 모두 6마리야. 4와 2를 합한 수와 6은 같아. 4와 2를 더해 6이 되었다고 할 때 어떻게 쓰면 좋을까?

바로 '='를 사용하여 '4+2=6'과 같은 식으로 쓰면 돼. 이 식은 '4 더하기 2는 6과 같습니다.' 또는 '4와 2의 합은 6입니다.'라고 읽어.

● 그림을 보고, □ 안에 알맞은 수를 써 줘.

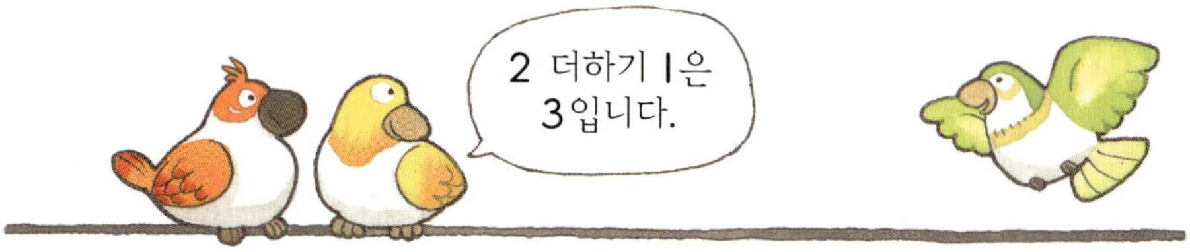

2+□=□

12 뺄셈, 뺄셈식

한국에서 귀신을 제일 잘 쫓는 최고의 퇴마사를 모셔 왔습니다.
제발 목귀신을 쫓아주세요.
무서워 죽겠습니다.
목귀신은 어떤 귀신이요?
낮에는 보통 사람하고 똑같습니다. 그런데 밤만 되면 목이 길게 늘어나 동물의 피를 빨아 먹습니다.
물린 동물은 피를 모두 빨리고는 죽습니다.
9마리를 잡아 먹어야 하는데 8마리밖에 못 잡아 먹었군.
9－8
몇 마리를 더 잡아 먹어야 하지?
아무래도 며느리가 수상해….
9－8＝1
이제 1마리만 더 잡아 먹으면 사람이 될 수 있어.
으흥흥흥 널 마지막으로 잡아 먹어야 겠다!
어딜, 감히!
받아랏! 부적이다.
으아악! 난 부적이 제일 싫어!

뺄셈을 하고, 뺄셈식을 쓰고, 읽을 수 있다.

9－8은 '9 빼기 8'이라고 읽는다.

처음에 돼지가 9마리 있었어. 목귀신이 돼지를 8마리나 잡아 먹었지. 처음보다 돼지의 수가 8마리 적어졌어.

그럼 9마리에서 8마리가 적어진 경우를 어떻게 표현할까? 수가 늘어났을 때는 '＋'를 이용했어. 수가 줄었을 때는 '－'를 이용하여 9－8이라고 써 봐. 그리고 '9 빼기 8'이라고 읽어.

이번에는 남은 돼지 수를 알아보고 식으로 나타내어 볼까? 9마리에서 8마리가 적어져서 1마리가 남았어. 9에서 8을 뺀 만큼은 9－8이라고 나타내었어. 이것은 1과 같은 값이야. 그래서 이때도 '＝'를 사용하여 '9－8＝1'과 같은 식으로 나타낼 수 있지. 이 식은 '9 빼기 8은 1과 같습니다.' 또는 '9와 8의 차는 1과 같습니다.' 라고 읽어.

늘어날 때는 덧셈! 줄어들 때는 뺄셈! 이 기본 규칙을 꼭 알아 둬.

엄마와 함께 도너츠를 만들고 있어. 각 접시의 도너츠를 세어 빈 곳에 알맞은 수를 써 줘.

13 덧셈식과 뺄셈식의 관계

1학년 1학기 4단원

덧셈과 뺄셈의 관계를 알아보자.

2+3=5는 5−2=3과 5−3=2로 나타낸다.

늘어날 때는 덧셈, 줄어들 때는 뺄셈을 사용해. 덧셈과 뺄셈은 전혀 관계가 없을까? 그렇지 않아.

외눈귀신 2명과 처녀귀신 3명이 있어. 귀신의 수는 2와 3을 모아 모두 5명이지? 이것을 덧셈식으로 나타내면 '2+3=5' 라는 식을 쓸 수 있지. 그럼 이제 이 덧셈식을 이용하여 처녀귀신의 수를 나타내는 뺄셈식을 만들어 볼까? 처녀귀신의 수는 전체에서 외눈귀신의 수를 빼고 남는 수야. 그래서 '5−2=3' 이라는 뺄셈식을 만들 수 있는거지. 이번에는 반대로 해 보자. 귀신이 모두 5명이 있었는데 처녀귀신 3명이 무서워서 도망을 가버려서 2명의 외눈귀신만 묘지에 남아있게 되었어. 이때의 뺄셈식은 '5−3=2' 로 나타내는 거야.

* 원래 귀신이나 영혼은 '위' 라는 단위로 세지만 여기서는 보기 쉽게 '명' 을 사용했어.

● 다롱이와 아롱이가 비눗방울만들기놀이를 하고 있어. 그림을 보고, 빈 곳에 알맞은 수를 써 줘.

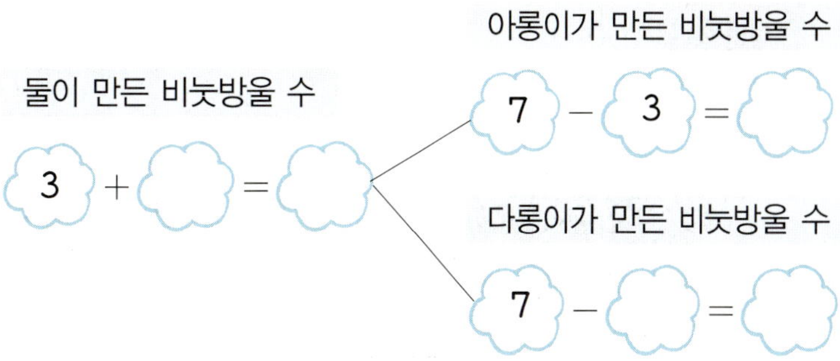

14 두 수를 바꾸어 더하기

1학년 1학기 4단원

밤마다 드라큘라가 나타나 공주의 피를 빨고 있소.
흑흑~.
드라큘라는 귀신이 아니라서 부적으로 쫓을 수가 없을텐데.
앗! 알아냈어!
드라큘라는 마늘을 싫어한다. 마늘 7개를 준비하여 왼쪽과 오른쪽에 나누어 놓아라.
왼쪽에 마늘 3개, 오른쪽에 마늘 4개를 두면 드라큘라가 오지 못할 겁니다.
어흑! 냄새…
잠시 후,
앗! 왼쪽과 오른쪽에 놓을 마늘 수를 잘못 말해준 것 같아.
쿵
드라큘라가 벌써 왔으면 어떡하지?
흐흐흐
오늘도 맛있는 피 식사를 해볼까?
Z Z
꺄아악! 내가 제일 싫어하는 마늘 7개!
킁킁~ 이게 무슨 냄새지?
펑!
못참겠다. 도망가자!
3+4=7
4+3=7
아하! 왼쪽과 오른쪽을 바꾸어 둬도 더하면 모두 7개라서 똑같구나.
파다닥

두 수를 바꾸어 더해 보자.

3+4와 4+3의 값은 모두 7이다.

드라큘라를 쫓기 위해 퇴마사가 알려준 비법은 베개 왼쪽에 마늘 3개, 오른쪽에 4개를 두는 거야. (이때 왼쪽과 오른쪽에 두는 마늘이 모두 몇 개인지 알아보는 식은 '3+4=7' 이야.) 하지만 실수로 공주는 베개 왼쪽에 마늘 4개, 오른쪽에 3개를 두었어. (공주가 왼쪽과 오른쪽에 둔 마늘이 모두 몇 개인지 알아보는 식은 '4+3=7' 이야.) 퇴마사가 알려준 비법의 마늘 수와 공주가 실제로 사용한 마늘의 수는 7개로 같아.

공주는 퇴마사가 알려준 비법대로 하지 않았지만 마늘의 수는 7로 비법에 적힌 수와 같게 사용하였기 때문에 드라큘라로부터 무사할 수 있었어. 여기서 알 수 있는 것은 '3+4=7' 과 '4+3=7' 로 덧셈식에서 3과 4를 바꾸어도 결과는 7로 같다는 거야.

● 사진 속의 사람 수에 맞게 □ 안에 알맞은 수를 쓰고, 합이 같은 것끼리 줄로 이어 봐.

3 + 4 = □

□ + □ = □

□ + □ = □

풀어 보자

두 수로 가르기

1 뭉치의 일기를 읽고, 생일 파티에 여자 친구들이 몇 명 왔는지 써 줘. (　　　　　　　　)명

5를 3과 몇으로 가를 수 있는지 생각해 봐.

오늘은 나의 생일입니다.
내 생일 파티에 남자 친구 3명과 여자 친구들이 와서
모두 5명의 친구들과 놀았습니다.
맛있는 초코 케이크도 먹고, 예쁜 선물도 받았습니다.
너무 너무 즐거웠습니다.
뭉치

두 수를 모으기

2 해리와 아리가 미로를 지나면서 얻은 마법 구슬의 수를 도착한 곳에 각각 써 줘.

1과 2를 모으면?
2와 3을 모으면?

(1)

(2)

두 수로 가르기

3 엄마 돼지가 도너츠를 만들어 주셨어. 동생 돼지가 먹은 도너츠는 몇 개일까? (　　　　　　)개

9를 5와 몇으로 가를 수 있는지 생각해 봐.

두 수를 모으기

4 무당벌레의 두 날개에 있는 점을 모으면 모두 7개가 된대. 각 무당벌레의 한 쪽 날개를 찾아 줄로 이어 줘.

1과 6, 2와 5, 3과 4, 4와 3, 5와 2, 6과 1을 모으면 7이 돼.

풀어 보자

덧셈식

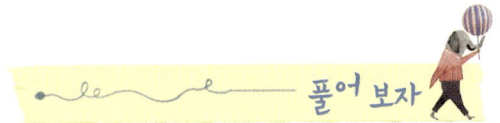

5 서로의 얼굴에 수박씨뱉기놀이를 하고 있어. 퉤! 똘이가 2개를 또 뱉었네. 2개가 모두 붙으면 짱이 얼굴의 수박씨는 모두 몇 개가 될까? □ 안에 알맞은 수를 써 줘.

> 전체가 몇 개인지 알아보기 위해서는 덧셈을 해.

□ + □ = □

뺄셈

6 여러 장의 뺄셈 카드가 있어. 답이 2인 카드에는 노란색, 답이 6인 카드에는 파란색을 칠해 줘.

> 뺄셈을 하기 어려우면 바둑돌 같은 것을 이용하여 계산해 봐.

2−1	3−1	4−1	5−1	6−1	7−1	8−1	9−1
	3−2	4−2	5−2	6−2	7−2	8−2	9−2
		4−3	5−3	6−3	7−3	8−3	9−3
			5−4	6−4	7−4	8−4	9−4
				6−5	7−5	8−5	9−5
					7−6	8−6	9−6
						8−7	9−7
							9−8

빼셈식

7 곰의 생일 잔치가 열렸어. 그런데 사자가 초를 잘못 꽂았나 봐. 초를 바르게 꽂을 수 있도록 □ 안에 알맞은 수를 써 줘.

5개에서 곰의 나이 수만큼 빼야겠지?

더 꽂은 초는 5 − □ = □ (개)야.

빼셈식

8 보물섬 지도야. 보석이 황금보다 몇 군데 더 많은지 □ 안에 알맞은 수를 써 줘.

보석과 황금이 있는 곳들을 잘 세어 봐.

보석이 □ 군데, 황금이 □ 군데에 있으니까

보석이 □ − □ = □ (군데) 더 많아!

풀어 보자

덧셈과 뺄셈

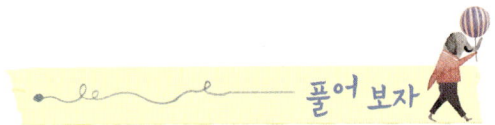

9 계산 결과가 같은 식을 들고 있는 병아리들끼리 만나기로 약속했대. □ 안에 알맞은 수를 쓰고, 만나기로 약속한 병아리들을 모두 찾아 ○표 해 봐.

덧셈과 뺄셈을 먼저 해야겠지? 답이 같은 병아리를 찾아봐.

덧셈식을 보고, 뺄셈식을 알기

10 똘이가 골든벨을 울리기 직전이야. 답은 2개래. 답이 쓰여져 있는 카드를 찾아 ○표 해 줘.

두 수의 합에서 더하는 수와 더해지는 수를 각각 빼어 뺄셈식을 만들 수 있어.

5−2=3	7−2=5	7−3=4	7−5=2	5+2=7

두 수를 바꾸어 더하기

11 두 수의 합이 8인 숫자판을 들고 있는 동물만 축제에 갈 수 있대. 축제에 갈 수 있는 동물들의 이름을 모두 써 줘.

(　　　　　　　　　　)

두 수의 합에서 두 수를 바꾸어 더해도 그 합은 같아.

정리해보자

3을 두 수로 가르기

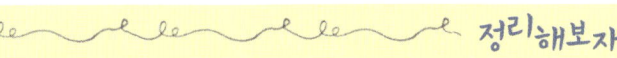

3은 1과 2, 2와 1로 가를 수 있습니다.

두 수를 3으로 모으기

1과 2, 2와 1을 모으면 3이 됩니다.

덧셈 알기

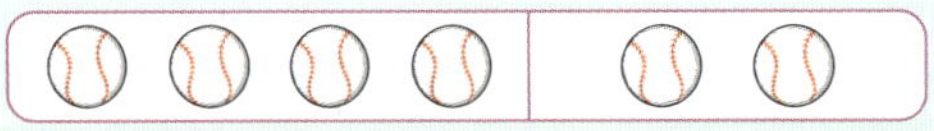

4와 2를 더하는 것을 '4+2'라 쓰고, '4 더하기 2'라고 읽습니다.

4와 2를 더하면 6과 같습니다.

'4+2=6'이라 쓰고, '4 더하기 2는 6과 같습니다.'라고 읽습니다.

뺄셈 알기

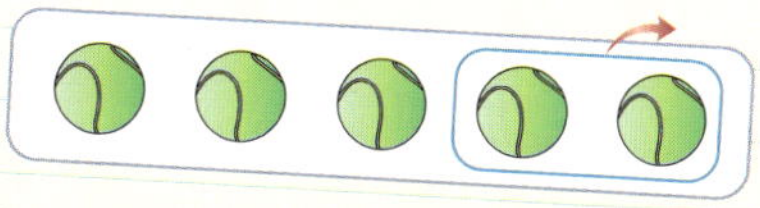

5에서 2를 빼는 것을 '5－2'라 쓰고, '5 빼기 2'라고 읽습니다.

5에서 2를 빼면 3입니다.

'5－2＝3'이라 쓰고, '5 빼기 2는 3과 같습니다.'라고 읽습니다.

덧셈식으로 뺄셈식 만들기

$3+4=7 \rightarrow \begin{cases} 7-4=3 \\ 7-3=4 \end{cases}$

■＋▲＝● ➡ ●－▲＝■, ●－■＝▲

뺄셈식으로 덧셈식 만들기

$8-3=5 \rightarrow \begin{cases} 3+5=8 \\ 5+3=8 \end{cases}$

■－▲＝● ➡ ●＋▲＝■, ▲＋●＝■

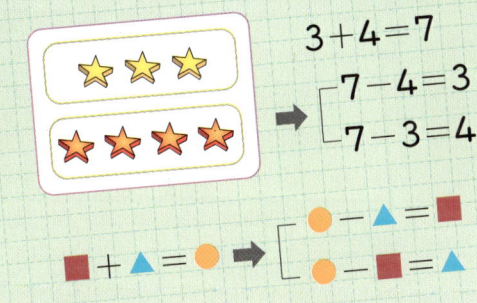

15 길이의 비교

지진으로 다리가 끊어졌다. 열차를 멈추게 하라.
열차가 멈추질 않습니다.
으악!
강철 로봇 Z 출동!
쿠오오오오
위기의 열차를 구하여라!
쿵!
박사님, 다리를 연결할 긴 물건이 필요합니다.
근처에 가장 긴 물건은 나무밖에 없다. 그것을 이용하라!
박사님, 한 개는 너무 길고, 한 개는 너무 짧습니다.
두 개 다 버리고 다리를 뜯어 연결하게.
네!
부웅
어떤 다리를 뜯어야 하지?
시간이 없어.
①
②
③
더 길어도 안 되고 더 짧아도 안 돼. 딱 맞는 길이를 찾아야 해!
가장 긴 다리를 뜯어서 연결하게.
우지끈
③번 다리를 붙였습니다.
박사님, 감사합니다.

물건의 길이를 비교하여 더 길다, 더 짧다로 나타내 보자.

멧돼지 코가 코끼리 코보다 더 짧다.

아래의 멧돼지와 코끼리 코의 길이를 봐. 멧돼지의 코는 짧고, 코끼리의 코는 길어.

길이는 이렇게 눈으로 쉽게 비교할 수 있어. 하지만 그렇지 못할 때도 있지. 길이가 비슷하거나 멀리 떨어져 있다거나 하면 말이야. 길이를 비교할 때에는 우선 한쪽 끝을 맞추어 비교해야 해. 왼쪽 만화에서 강철로봇 Z가 나무로 끊어진 다리를 이을 때의 모습을 봐. 두 나무의 한쪽 끝이 정확히 맞춰져 있을 때 반대 쪽 끝이 남는 위쪽의 나무가 더 긴 거야.

두 가지가 넘는 것의 길이도 비교할 수 있어. 강철로봇 Z가 사용하려는 세 개의 다리를 봐. 두 개씩 비교한 다음에 긴 것끼리 비교해. ①과 ②의 길이를 비교해 보면 ②가 길지? 또 ②와 ③ 중에서는 ③이 길어. 따라서 ①과 ③ 중에서는 ③이 가장 길다고 할 수 있어. 반대로 ①이 가장 짧은 다리야.

- 멧돼지와 코끼리는 서로의 코를 보고, 어떤 말을 할까? 아래에서 찾아 (　　　) 안에 써 줘.

길다　　짧다

16 높이와 키의 비교

1학년 1학기 5단원

높이를 비교해 더 높다, 더 낮다로 나타내 보자.

키는 '크다, 작다'로 나타낸다.

도시에는 많은 높은 빌딩들이 있어. 그런 빌딩을 보고 높은 빌딩이다, 높다! 라는 표현을 쓰지? 높이도 비교할 수 있어.

내 키와 물건들의 높이를 비교해 볼까? 늑목은 내 키보다 훨씬 높아.

만약 비교할 대상이 여러 개라면 '가장'이라는 말을 사용해서 비교해. '가장 높다', '가장 낮다'로 말이야.

이번에는 주변 친구들을 보자. 친구들 중에는 내 키보다 큰 친구들도 있고, 작은 친구들도 있어. 키는 높이와 같은 방법으로 비교해. 하지만 다른 점이 있지. '너 참 키가 높아.', '넌 키가 너무 낮아서 더 높아져야겠군.'이라고 말하지 않아. 키는 '크다', '작다'라고 말해.

- 백설 공주를 위해 난쟁이 3명이 파티 준비를 하고 있어. 키가 가장 작은 난쟁이의 이름을 써 줘. (   )

17 무게의 비교

로봇 파워 대결 시간입니다.
와 와 와
1 라운드!
땡~
쿠오오오
슈우우우
파워 대결을 할 무쇠로봇과 철통로봇을 소개합니다.
자작 자작 자작 자작
정말 무겁습니다. 꼼짝도 안합니다.
낑 낑
가볍군요.
1 라운드는 무쇠로봇의 승리!
브이~
힝~
한번 더 대결을 하겠습니다. 무거운 물건을 찾아오세요.
2 라운드!
땡~
샤샥
내 것이 더 크니까 더 무겁겠지?
풍선은 날아갈 듯 가볍지만, 볼링공은 무겁군요.
악!
또다시 무쇠로봇의 승리!

물건의 무게를 비교하여 더 무겁다, 더 가볍다로 나타내 보자.

책상은 필통보다 더 무겁다.

무쇠로봇과 철통로봇의 파워대결은 무쇠로봇의 승리로 끝났어. 피아노와 멜로디언의 무게는 비교할 수 없을 정도로 차이가 날 거야. 피아노를 번쩍 든다고? 그런 사람은 올림픽 경기에 바로 출전해도 될 거야.

주변에 있는 물건들부터 하나씩 들어 보자. 먼저 필통을 들어 봐. 쉽게 들 수 있지? 이번에는 책상을 들어 봐. 들 수는 있지만 필통을 들 때와 느낌이 어떻게 다르지? 들었을 때 더 묵직한 느낌이 더 무거운 거야. 따라서 '책상이 필통보다 더 무겁다.' 라고 하면 돼.

친구들과 시소놀이를 해 봐. 내가 위로 올라가면 친구는 아래로 내려가고, 내가 아래로 내려가면 반대로 친구는 위로 올라가게 돼. 땅에 발을 구르지 않고 가만히 시소 위에 앉아 있어 봐. 그러면 어느 한쪽으로 시소가 기울 거야. 이때 내려간 쪽의 무게가 올라간 쪽의 무게보다 무거운 거야. 만약 시소가 어느 한 쪽으로도 기울지 않는다면 양쪽의 무게가 같기 때문이야.

● 삼총사가 각자 좋아하는 것을 가지고 모였어. 가장 무거운 것을 가지고 있는 아이를 찾아 줘. (　　　　　　)

18

넓이의 비교

오늘은 넓이에 대해 공부하겠어요. 가방에서 가장 넓은 것을 꺼내 보세요.
저는 필통이요.
저는 일기장이요.
저는 수첩이걸랑요.
전 스케치북.
일기장
스케치북
어떤 것이 더 넓은지 비교해 볼까요? 넓이를 비교할 때에는 직접 겹쳐 보면 되요.
스케치북
일기장
스케치북이 더 넓고, 필통이 더 좁네요.
내가 이겼지롱.
치잉~.
스케치북 승리!
일기장
또 스케치북 승리!
스케치북이 젤 넓네요.
스케치북
수첩
하하하하! 스케치북이랑 상대도 안되는 것들아!
두고 보자….
스케치북이 가장 넓고, 수첩이 가장 좁아요!
이제 알겠죠?
네!
다음 날
제 모기장이 제일 넓지요? 스케치북이랑은 상대가 안돼요! 으하하하~
촤아악~
발랑

넓이를 비교하여 더 넓다, 더 좁다로 나타내 보자.

스케치북은 모기장보다 좁다.

왼쪽 만화의 모기장이 엄청 넓구나! 스케치북과 직접 맞대어 보지 않고 눈으로만 보아도 쉽게 알 수 있어. 이때 스케치북은 모기장보다 '더 좁다' 라고 말할 수 있어. 그렇다면 스케치북과 책상의 넓이는 어떨까?

스케치북을 책상 위에 올려 놓아 봐. 남는 쪽이 더 넓은 거야. 여러 가지 물건의 넓이를 비교할 때에도 마찬가지야. 이때는 '가장 넓다', '가장 좁다' 라는 말을 써서 나타내면 돼. 아래 양탄자의 넓이를 비교해 봐. 눈으로 직접 비교해 봐도 되고, 투명한 종이에 각각 그린 다음 그림을 포개어서 넓이를 비교해 보아도 돼. 양탄자 ③이 가장 넓고, 양탄자 ①이 가장 좁아.

①  ②  ③ 

● 땅따먹기 놀이를 하고 있어. 누가 더 많이 땄는지 볼까?

(　　　　　)의 땅이 가장 넓고, (　　　　　)의 땅이 가장 좁아요.

19 들이의 비교

맛있는 빨간 주스 입니다.
시식하고 가세요.
정말 맛있어 보이는 걸?
어느 쪽 빨간 주스가 더 많지?
빨간 주스 시식 코너
내가 더 많은 걸 먹어야 할텐데.
이럴 때에는 비교를 해 봐야 해.
똑같은 컵인데 이 쪽의 높이가 더 높으니까….
아! 그렇다면 이쪽이군!
아~ 맛있다.
슬쩍
약
얄미운 놈.
노란 주스 시식 코너
달콤한 주스 입니다. 시식해 보세요.
이번에는 꼭 내가 더 많은 걸 먹어야지.
앗! 이번에는 두 컵의 모양이 다르잖아?
근데 오른쪽 컵이 더 커보이니깐 오른쪽 컵에 더 많이 들어 있겠군.
뭘 그리 망설여~. 두 개 다 마시면 되지~.
벌컥 벌컥
야! 이 식충아!
빡!

들이를 비교하여 보자.

빨간 주스는 왼쪽 컵의 양이 더 많다.

빨간 주스는 어느 쪽이 더 많은지 금방 눈으로 보아 알 수 있어. 주스가 왼쪽 컵에 더 많이 들어가서 높이가 왼쪽이 더 높으니까 왼쪽이 오른쪽보다 양이 더 많지. 이렇게 크기와 모양이 같은 컵에 담긴 양은 높이로 비교해. 그럼 크기와 모양이 다른 컵에 담긴 양은 어떻게 비교할 수 있을까?

노란 주스를 담은 컵을 봐.

노란 주스를 담은 컵의 모양은 두 가지야. 두 컵에 각각 노란 주스가 가득 차 있어. 오른쪽 컵에 든 주스의 양이 왼쪽보다 더 많아. 어떻게 알았냐고? 왼쪽 컵만 아래로 내려갈수록 점점 좁아지는걸 알 수 있지? 따라서 오른쪽 컵이 더 큰 거야. 그러니까 더 큰 오른쪽의 컵에 주스가 더 많이 들어가는 것은 당연하겠지?

- 생쥐와 코끼리가 목욕을 하고 있어. 어느 동물의 물통에 물이 더 많이 들어 있을까? (　　　　　)

길이의 비교

1 햇님이와 별님이가 각자의 집에서 하늘 나라까지 가는 길을 만들었어. 길을 더 길게 만든 요정은 누구일까? (　　　　　　　　)

구부러진 것을 폈을 때의 길이를 생각해 봐.

길이의 비교

2 긴꼬리 대회가 열렸어. 동물들의 꼬리를 보고, 시상대의 하트 모양 안에 등수별로 이름을 써 줘.

동물들의 꼬리 모양을 모두 똑바로 폈다고 생각하고 길이를 비교해 봐.

높이의 비교

3 장군이 부하들을 이끌고 제일 높은 산으로 올라가야 하는데 잘못 올라갔대. 어느 산으로 가야 할까? (　　　　　)

산의 높이를 두 개씩 비교한 다음 나머지와 비교해 봐.

들이의 비교

4 난타 공연을 준비 중이야. 모양과 크기가 같은 통 안에 물을 많이 담을수록 두드리면 높은 소리가 난대. 누가 치는 통이 가장 높은 소리를 낼까? (　　　　　)

물이 가장 많이 담긴 통을 치고 있는 친구를 찾아 봐.

무게의 비교

5 시소는 올려놓은 물건이 무거운 쪽으로 내려 가. 고장난 시소를 모두 찾아 줘. (　　　　　　　　)

더 쉽게 들 수 있는 것이 더 가벼운 거야.

❶

❷

❸

❹

넓이의 비교

6 페인트 칠이 되어 있는 의자에 앉았더니, 의자에 엉덩이 자국이 남았어. 누구의 엉덩이가 가장 넓을까? (　　　　　　　　)

의자에 남은 자국을 둘씩 먼저 비교해 보고, 나머지 하나와 비교해 봐.

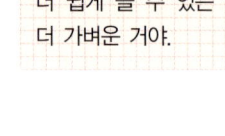

길이, 넓이의 비교

7 가전제품 코너에서 엄마가 사려는 텔레비전은 어느 것일까?

( )

길이, 들이, 무게, 넓이의 비교

8 친구들이 모여 있어. 누가 잘못 생각하고 있을까?

( )

길이의 비교
- '길다', '짧다'

높이의 비교
- '높다', '낮다'

키의 비교
- '크다', '작다'

들이의 비교
- '많다', '적다'

무게의 비교
- '무겁다', '가볍다'

넓이의 비교
- '넓다', '좁다'

정리해보자

길이 비교

길다

짧다

두 물건의 길이를 비교할 때에는 한쪽 끝을 맞추고, 다른 한쪽 끝을 비교합니다.

높이 비교

크다 작다

사람의 키를 비교할 때에는 '크다', '작다'로 나타냅니다.

높다 낮다

두 물건의 높이를 비교할 때에는 '높다', '낮다'로 나타냅니다.

무게 비교

손으로 들어 보았을 때, 힘이 더 드는 쪽이 더 무겁습니다.

넓이 비교

서로 겹쳐 보았을 때, 남는 부분이 있는 쪽이 더 넓습니다.

들이 비교

- 크기가 같은 그릇인 경우

- 크기가 다른 그릇인 경우

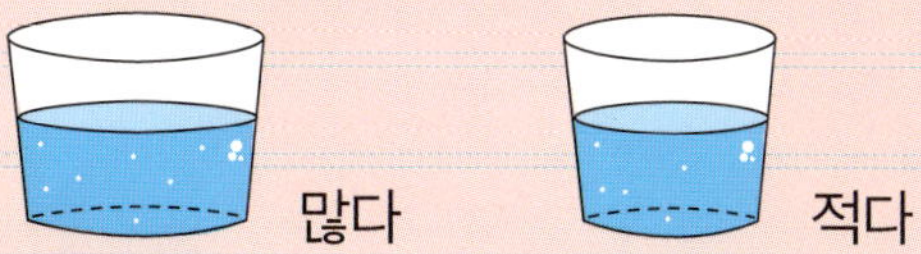

20

19까지의 수

1학년 1학기 6단원

이 애비는 곶감 때문에 죽는다.
곶감을 조심해라. 호랑이보다 더 무서운 놈이야.
흑흑흑…. 곶감이 뭐에요?
호랑이가 온다고 해도 울음을 그치지 않던 아이가 곶감이라고 하니까 뚝 그치더라.
으흐~ 말만 들어도 무서워요.
흑흑…. 아버지~
아빠의 원수를 갚아야겠어.
가자! 가서 싸우는 거야! 우리 둘이 힘을 합치면 곶감쯤 못 이기겠어?
그래도 난 무서운데.
곶감이 모두 9개구나.
10은 십 또는 열이라고 읽지.
1개를 더 보태면 10개가 된단다.
곶감이 탱글탱글 해요.
곶감은 10개씩 묶어서 1묶음이라고 한단다.
1묶음은 10개구나!
곶감은 10마리가 하나로 묶여 있나 봐!
흐억! 머리가 10개? 생각만 해도 무서워….
곶감 1묶음과 낱개 9개가 있으면 모두 몇 개일까?
19개요.
19는 십구 또는 열아홉이라고 읽어요.
어서 도망치자. 어떻게 우리가 곶감 열아홉 마리를 이길 수 있겠어?
쌩
거 봐. 내가 무섭다고 했잖아.

19까지의 수를 쓰고, 읽어 보자.

10은 십 또는 열이라고 읽는다.

우리도 곶감을 세어 볼까? 하나, 둘, 셋, … 여덟, 아홉. 아홉 다음은 뭐라고 세면 좋을까? 아홉 다음의 수는 열이라고 세고, 10이라고 써. 이번에는 1부터 수를 읽어 볼까? 일, 이, 삼, …,팔, 구. 구 다음은 십이라고 읽어.
그런데 세야 하는 개수가 10개를 넘을 때에는 10을 한 묶음으로 생각하고, 다시 또 낱개의 수를 세는 거야. 10개짜리 한 묶음과 1개를 11개, 10개짜리 한 묶음과 2개는 12개라고 해.
간단히 정리해 볼까?

11(십일, 열하나), 12(십이, 열둘), 13(십삼, 열셋),
14(십사, 열넷), 15(십오, 열다섯), 16(십육, 열여섯),
17(십칠, 열일곱), 18(십팔, 열여덟), 19(십구, 열아홉)

● 세 명의 생일 파티야. 누구에게 어느 케이크를 가져다 줘야 할지 줄로 잇고, 빈 곳에 알맞은 수를 써 줘.

어느 케이크를 가져다 주지?
난 열살이니까 초가 10개.
난 열세살이니까 초가 10개랑 3개.
난 초가 10개랑 8개의 나이야.

21 몇십 몇

대장님, 이 집입니다.
아무리 곶감이라도 한꺼번에 공격하면 별 수 없을 거야.
흐흐 흐흐
이 집을 완전히 포위해라.
넵!
넵!
올해는 감이 풍년이구나. 곶감을 많이 만들어야겠다.
곶감은 어떻게 만들어요?
곶감을 만들어?
껍데기를 홀랑 벗겨 10개씩 꼬챙이에 푹 꿰는 거야.
그리고 바람에 말리는 거야.
껍데기를 홀랑 벗겨 꼬챙이에 푹??!!
뜨어어..
10개가 1묶음이니까 곶감 4묶음은 몇 개일까?
40개요!
허걱! 우리보다 더 많잖아….
곶감 4묶음과 낱개 9개를 만들었구나.
이건 모두 몇 개일까?
49개요! 49는 사십구 또는 마흔아홉이라고 읽어요.
할머니, 나머지도 껍데기를 홀랑 벗겨 버려요. 내가 꼬챙이로 푹푹 찌를게요.
모두 후퇴! 도저히 우리가 이길 수 있는 상대가 아니다.

몇십 몇을 쓰고, 읽어 보자.

28은 스물여덟 또는 이십팔이라고 읽는다.

곶감이 한 꼬챙이에 10개씩 꿰어 있네. 그럼 두 꼬챙이에는 곶감이 몇 개 있는걸까? 10개씩 2묶음을 20이라고 써. 20을 스물 또는 이십이라고 읽지. 10개씩 3묶음은 30(삼십, 서른)이야.

이렇게 10씩 묶음으로 나타낸 수는 20(이십, 스물), 30(삼십, 서른), 40(사십, 마흔), 50(오십, 쉰)이 있어.

이번에는 몇십 몇에 대해 알아보자. 19까지의 수처럼 묶음의 수 다음에 낱개의 수를 붙여 읽으면 돼. 먼저 10개씩 묶을 수 있을 때까지 묶어 봐. 10개씩 2묶음과 낱개 8개를 28이라 쓰고, 스물여덟 또는 이십팔이라고 읽어.

- 인형의 집 아저씨가 장난감 병정을 집 안에 한 개씩 넣고 있어. 모두 몇 개를 넣는 걸까? (　　　　　　)개

지금까지
10개씩 2줄 넣었으니까
앞으로 4개만 더 넣으면 끝!

22 50까지의 수의 순서

1학년 1학기 6단원

휴~ 정말 무서운 놈입니다요.
당분간 마을에 얼씬도 하지 말아야겠다.
쫄 쫄
후두둑
털썩
출출하구나. 아까 훔쳐온 곶감 좀 꺼내 놔!
곶감이라고?
곶감을 10개씩 모으니 5묶음에서 1개가 적어요.
그럼, 몇 개지요?
으이그~ 49개 아니냐? 그렇게 수를 못 세니 산적밖에 못하지.
허걱… 이 사람들이 곶감을 잡아 왔나 봐.
덜 덜
곶감을 하나씩 세면서 나누어 주겠다.
…, 27, 28, 30, 31, 32, …
28 다음은 29인데요.
맞아요. 수를 잘못 세셨어요.
…, 42, 43, 44, 46, 47, 48, 49, …
44 다음은 45잖아요.
맞아요. 2개가 비어요.
그럴 리가 없어! 수를 다시 세겠다!
삭~
곶감 2개
이 녀석들! 지금 두목을 의심하는 거냐?
으아악! 꼬챙이!
휙~

50까지의 수의 순서를 알아보자.

49 다음의 수는 50이다.

도적들이 훔쳐온 곶감은 50 바로 앞의 수인 49야. 두목은 곶감의 수를 셀 때 일부러 하나씩 빠뜨려서 자기 몫을 늘이려고 했어. 하지만 부하들도 수의 순서를 모르는 게 아니야.

28 다음의 수는 29, 29 다음의 수는 30이야. 또 45 앞의 수는 44, 바로 다음의 수는 46이야. 수를 왜 꼭 순서대로 사용 해야 할까? 그건 우리들이 약속한 규칙이기 때문에 지키지 않으면 혼란스러워지기 때문이야.

높은 건물의 층수를 아래부터 써 봐. 1층, 2층, 3층, …, 12층, 13층, … . 나이도 한 살, 두 살, 세 살, …, 서른 살, 서른한 살, 서른 두 살, …이라고 세어 봐. 이런 약속이 있기 때문에 3층과 5층 사이의 층이 4층임을 알 수 있고, 19살 다음이 20살임을 알 수 있어.

● 1부터 50까지 차례로 줄로 이어 그림을 완성해 줘.

23 한 가지 기준으로 조사하기

1학년 1학기 6단원

자료를 한 가지 기준으로 분류해 보자.

색으로 분류하면 '빨강, 노랑, 초록, 파랑'이다.

산타 할아버지가 모아둔 선물이 뒤죽박죽 쌓여 있어. 이 중에 어떤 종류의 선물이 많은지 아무리 눈을 크게 떠도 쉽게 알아볼 수가 없어. 너무 지저분해서 정리가 필요해. 그래서 선물을 종류별로 나누어 보았어. 로봇, 게임기, 과자, 구두, 인형, 카드. 총 6가지의 선물이 있었구나!

산타 할아버지는 정리를 마치고 어느 어린이가 보낸 카드를 열어 보았어. "산타 할아버지! 저는 노란색 선물을 갖고 싶어요." "저는 초록색 선물을 갖고 싶어요." … 산타 할아버지는 다시 색깔별로 선물들을 분류해 보았어. 빨강, 노랑, 초록, 파랑, ….

산타 할아버지는 색깔별로 선물을 분류한 다음에 원하는 색 선물을 손쉽게 전해 줄 수 있었대. 이렇게 자료를 기준에 따라 다르게 분류할 수 있어.

● 엄마와 함께 도너츠를 만들고 있어. 각 접시의 도너츠를 세어 빈 곳에 알맞은 수를 써 줘.

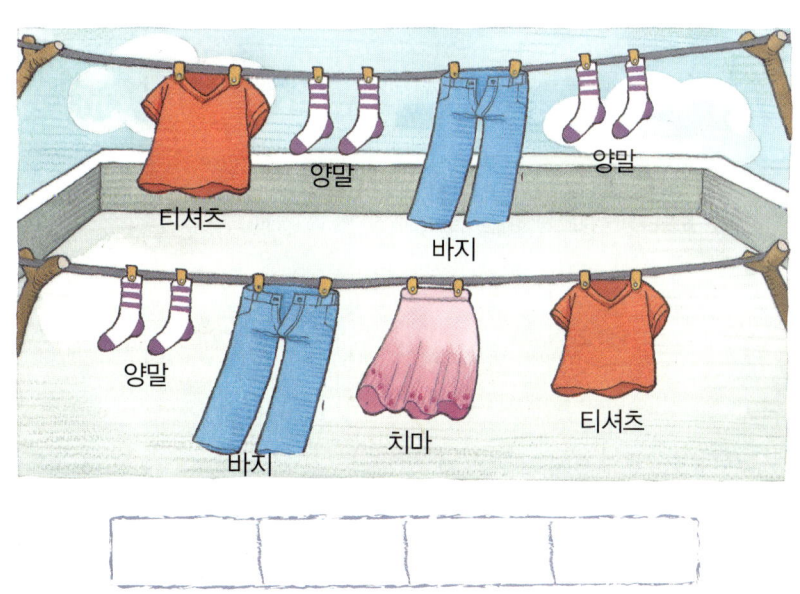

24 한 가지 기준으로 조사하여 세기

1학년 1학기 6단원

나라	한국	미국	아프리카	일본	중국
보따리	9	7	8	5	4

자료를 한 가지 기준으로 분류하여 세어 보자.

한국에 줄 선물은 9개이다.

산타 할아버지와 루돌프는 선물을 빨리 갖다 주기 위해 배달할 장소별로 선물을 나누어 놓았어. 그리고는 각각의 수를 세어 보기 좋게 표에 써 놓았지. 그러니까 정말 보기가 쉬워졌어. 산더미같은 선물들을 간단한 표 안에 넣어 둔 셈이니까!

왼쪽 만화의 표를 봐. 선물을 가장 많이 줄 나라는 한국이야. 다음으로는 아프리카, 미국, 중국의 차례야.

수를 셀 때에 한 번 센 것을 또 세거나, 수를 세지 않는 실수를 줄이기 위해서 그림에 지움 표시 (/ 또는 ×)를 이용하기도 해.

- 동물들이 멋진 가족 사진을 찍었어. 사진을 찍은 동물 수에 따라 표를 완성해 봐.

동물 수	2마리	3마리	4마리
사진 수			

풀어 보자

19까지의 수

1 왕자와 공주의 아래에 써 있는 수와 관계있는 물고기를 찾아 낚시줄을 이어 봐.

11(십일, 열하나)
13(십삼, 열셋)
15(십오, 열다섯)
18(십팔, 열여덟)
19(십구, 열아홉)

몇십 몇

2 은하는 갖고 있는 별의 수와 표지판의 수가 같은 쪽으로 가야 별나라에 도착할 수 있어. 은하가 가야 하는 쪽의 표지판에 ○표 해 줘.

20(이십, 스물)
21(이십일, 스물하나)
22(이십이, 스물둘)
25(이십오, 스물다섯)

물건의 개수 세어 보기

3 완두콩 친구들이 콩껍질에 들어가는 놀이를 하고 있어. 완두콩 친구들은 모두 몇일까? 들어가지 못한 친구까지 빠짐 없이 세어 봐.

( )

10개씩 묶음의 수는 앞에, 낱개의 수는 뒤에 써.

50까지의 수의 순서

4 기차의 흰 구름에 가려진 부분에는 어떤 수가 들어갈까? 구름 위에 써 줘.

오른쪽으로 갈수록 1씩 커지고, 왼쪽으로 갈수록 1씩 작아지네.

풀어 보자

두 수의 크기 비교

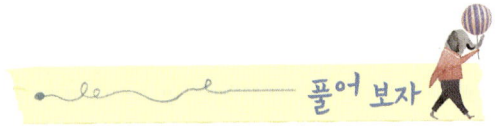

5 두더지 기계에 쓰여져 있는 두더지를 찾아 때리는 게임이야. 때려야 하는 두더지에 ○표 해 줘.

> 가장 큰 수를 찾으려면 10개씩 묶음의 수가 큰 수부터 찾아야 해.

50까지의 수

6 놀이공원 지도야. 아울이는 20부터 30까지의 수가 쓰여져 있는 놀이 기구만 타려고 해. 아울이가 탈 수 있는 놀이 기구를 작은 수부터 차례로 줄로 이어 봐.

> 20을 먼저 찾은 다음 1씩 큰 수를 찾아봐.

한 가지 기준으로 조사하기

7 친구들이 교통 공원에서 표지판을 들고 서 있어. 어떤 종류의 표지판이 있는지 (　) 안에 써 줘.

앞에서부터 종류를 하나씩 표시하면서 알아봐.

친구들이 포즈를 취한 표지판은

자전거, (　　　　　　　　), (　　　　　　　　), (　　　　　　　　)에요.

한 가지 기준으로 조사하기

8 그림 속에 수들이 숨겨져 있어. 어떤 수들이 숨겨져 있는지 수에 ○표 하고, 빈 칸에 써 줘.

종류를 조사할 때 같은 종류를 반복해서 쓰지 않도록 조심해!

풀어 보자

한 가지 기준으로 조사하여 세기

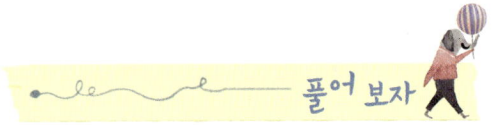

9 깜박이가 그림 속의 동물들을 찾아 표를 완성했는데 한 군데가 틀렸대. 어떤 동물을 잘못 찾았는지 써 줘. (　　　　　　)

동물	기린	다람쥐	곰	새
마리 수	2	3	1	5

한 가지 기준에 따라 분류하고, 분류한 것에 대한 수를 빠트리지 않고 세어 봐.

한 가지 기준으로 조사하여 세기

10 슈퍼 두더지들이 신나게 노래를 하는 사진이야. 들고 있는 깃발의 색깔을 보고, 표를 만들어 봐.

색깔	빨간색	파란색	노란색	초록색	흰색
개수					

전체 두더지는 모두 13마리야. 각 깃발의 개수의 합과 전체 두더지 수가 같은지 꼭 확인해.

분류하여 세기

11 노래 '올챙이와 개구리' 의 악보야. 어떤 가사가 나오는지 보고, 크게 불러 보자.

노래를 따라 불러 보면서 같은 말이 몇 번씩 되풀이 되는지 세어 봐.

올챙이와 개구리

개울가-에 올챙이한마리 꼬물꼬물 헤엄치다

뒷다리가쏙 앞다리가쏙 팔딱팔딱 개구리됐네

꼬물꼬물 꼬물꼬물 꼬물꼬물 올챙이가

뒷다리가쏙 앞다리가쏙 팔딱팔딱 개구리됐네

(1) 다음 중 위의 노래에서 나오지 않는 가사를 찾아봐. (　　　　　)

❶ 꼬물꼬물　　❷ 수영하다　　❸ 뒷다리　　❹ 개구리 됐네

(2) 다음 가사들이 몇 번씩 나오는지 세어 봐.

가사	올챙이	꼬물꼬물	팔딱팔딱	개구리
횟수				

정리해보자

몇십

• 10 알기

9보다 1 큰 수를 10이라고 합니다.

• 19까지의 수

10개씩 1묶음과 낱개 2개를 12라고 합니다. 12는 십이 또는 열둘이라고 읽습니다.

• 몇십 알기

쓰기	읽기	
10	십	열
20	이십	스물
30	삼십	서른
40	사십	마흔
50	오십	쉰
60	육십	예순
70	칠십	일흔
80	팔십	여든
90	구십	아흔

몇십 몇

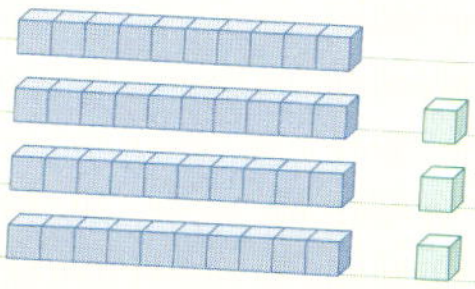

43
(사십삼, 마흔셋)

10개씩 4묶음과 낱개 3개를 43이라 하고, 사십삼 또는 마흔셋이라고 읽습니다.

두 수의 크기 비교

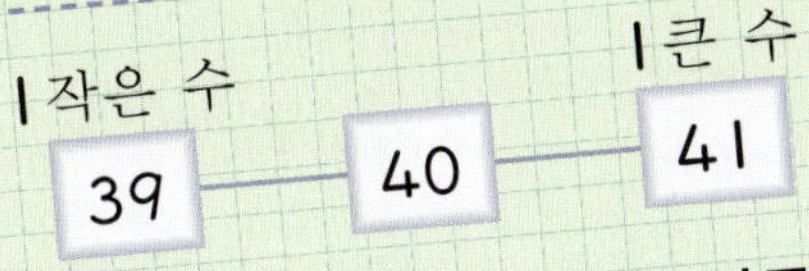

- 바로 앞의 수는 1 작은 수이고, 바로 뒤의 수는 1 큰 수입니다.
- 10개씩 묶음의 수가 클수록 큰 수입니다.
- 10개씩 묶음의 수가 같으면 낱개가 많을수록 큰 수입니다.

분류 하기

한 가지 기준으로 분류하기

① 무엇을 조사할지 정한 다음, 알맞은 자료를 모읍니다.

② 모은 자료를 한 가지 기준에 따라 알맞게 분류합니다.

1학년 2학기

25 몇십

콩쥐, 팥쥐의 집
아… 힘들다.
마당 다 쓸었어요.
나 콩쥐
얼른 달려가서 달걀 60개만 가져와! 우리 팥쥐가 배고프대잖아.
아! 배고파.
팥쥐
흑흑흑 … 어쩌면 좋아 ….
왜 우니?
훌쩍….
엄마가 달걀을 60개 가져오라고 하셨는데…
난 수를 셀 줄 몰라. 잘못 가져가면 혼날 거야 ….
걱정 마.
10개씩 묶어서 세면 돼. 달걀 10개가 1묶음이야.
10개가 1묶음이니까 60개면 6묶음이네!
그렇지!
엄마 달걀 60개요.
턱!
옴마야!!
퍽석!!
누가 달걀 목욕시켜 달랬냐? …

몇십을 읽고, 써 보자.

80은 팔십 또는 여든이라고 읽는다.

달걀 60개를 가져가야 하는 콩쥐는 달걀을 6묶음 가져갔어. 달걀이 한 묶음에 10개씩이기 때문이야. 즉 묶음의 수는 6, 낱개의 수는 60이야. 60은 육십 또는 예순이라고 읽어. 똑같은 묶음 하나가 더 있으면 70이고, 칠십, 일흔이라고 읽지. 또 80은 팔십(여든), 90은 구십(아흔)이라고 읽어. 왜 10개씩 묶어서 60, 70, 80, 90으로 세는 것일까? 우리는 손가락도 10개, 발가락도 10개라 아주 오랜 옛날부터 10개를 하나로 묶어 셌어. 이와 같이 10개를 한 묶음으로 사용하는 수 세기 방법을 십진법이라고 해.

● 쌓인 블록의 개수만큼 점수를 얻는 게임이야. 두 사람의 게임 점수는 각각 몇 점인지 게임판 아래에 점수를 쓰고, 읽어 줘.

(1) [ ] 점, (팔십, [ ])

(2) [ ] 점, ([ ] , [ ])

26 몇십 몇

일을 저렇게 많이 하는데도 날마다 예뻐지네.
얄미운 콩쥐… 더 힘든 일을 시켜야겠어.
엄마, 밥 줘. 잉~!
앗!
어이쿠! 콩을 다 쏟았네.
툭!
흥!
이 콩을 모두 주워서 개수를 세어 놓아라!
다 못 세면 오늘 저녁밥은 굶어!
네….
저녁 굶어!!
흑흑… 어떡하지? 난 개수를 셀 줄 모르는데….
나만 믿어!
휘리릭
콩을 10개씩 묶어서 세면 돼.
10개는 10씩 1묶음이거든.
10개씩 7묶음이야.
7묶음은 70개,
또, 낱개가 5개야.
7묶음에 낱개 5개니까 모두 75개야.
어머니, 여기 콩…
옴마야~!
콩쥐 너… 일부러 쏟은 거지?!
미끌
쾅

몇십 몇을 읽고, 써 보자.

75는 칠십오 또는 일흔다섯이라고 읽는다.

10개씩 2묶음과 낱개 4개는 24라 쓰고, 이십사라고 읽어.
더 큰 수를 셀 때에도 마찬가지야. 먼저 10개씩 몇 묶음인지를 알아본 다음에 낱개의 수를 더해 줘. 콩쥐가 콩을 10개씩 모아 보니 묶음이 7개, 낱개가 5개였어. 묶음의 수 7을 앞에 쓰고, 낱개의 수 5를 뒤에 쓰면 75라는 수를 나타낼 수 있어. 이 수는 칠십오, 또는 일흔다섯이라고 읽을 수 있지.
이제 두 자리 수는 얼마든지 셀 자신이 있겠지? 낱개의 수가 10보다 작아질 때까지 10씩 묶기만 하면 되니까!

- 엄마와 함께 도너츠를 만들고 있어. 각 접시의 도너츠를 세어 빈 곳에 알맞은 수를 써 줘.

27

100까지의 수의 순서

1학년 2학기 1단원

100까지의 수의 순서를 알아보자.

100은 백 또는 일백이라고 읽는다.

예슬이는 콩쥐처럼 바닥에 떨어져 있던 콩을 주워 담았어. 그리고는 개수를 헤아렸지. 10개씩 묶어보니 지금까지 9묶음이 나왔고, 또 한 묶음이 더 생겼어. 총 10묶음이 생긴거지. 10개씩 10묶음이면 그 수는 100이라고 쓰고, 백 또는 일백이라고 읽어. 90보다는 10이 크고, 99보다는 1이 큰 수야.

'백'이라는 말을 순우리말로는 '온'이라고 한대. 우리나라에서는 예로부터 백이라는 수를 완전한 것, 충족한 것, 극을 다한 것, 전부이고 전체인 것 등의 의미로 생각했어. 그래서 시험점수도 백 점이 만점인가 봐!

● 곰은 사람이 되기 위해 100일을 동굴에서 지냈어. 화살표를 따라 차례로 □ 안에 알맞은 수를 써 줘.

두 수의 크기 비교

콩쥐 낭자! 그 사이에 더 예뻐졌구려.
아이~ 몰라요.
산신령님 나와요! 빨리 나와요!
퐁당 퐁당
니가 던졌냐?
나 좀 예쁘게 해달라 니까요!!
공짜로?
원래 공짜 아니였어요?
지난 번에는 이벤트 기간 이었거든.
곶감이 먹고 싶으니까 한 바구니 가득 가져오면 예쁘게 해주마.
뜨아~
음….
많은 걸 가져가야 할 텐데, 어느 것이 많은 건지 모르겠네.
셀 줄 모르니 엄마에게 물어봐야겠다.
50
51
10개씩 묶어서 비교하면 돼.
주황색 바구니는 10개씩 5묶음이니까 50개, 노란색 바구니도 10개씩 5묶음이니까 50개.
어라? 똑같잖아.
50
10개씩 5묶음
51
10개씩 5묶음과 낱개 1개
여기 또 낱개가 있지? 묶음 수가 같을 때는 낱개 수가 더 많으면 많은 거란다.
산신령님! 곶감 가져왔어요. 나오세요!
돌을 던져야겠다!
영차
풍덩!!
예쁘게 해 줄 수 없는데… 곶감이나 두고 가지….

두 수의 크기를 비교하여 >, < 로 나타내 보자.

'51은 50보다 크다'는 51 > 50으로 나타낸다.

과일가게에 사과와 배가 있어. 산더미처럼 너무 많이 쌓여 있어서 도무지 개수를 알 수 없어. 그래서 과일가게 주인은 10개씩 한 상자로 포장을 해서 세었어. 그랬더니 사과는 82개, 배는 69개였어. 82와 69 중 더 큰 수는 무엇인지 알겠니? 두 수를 비교할 때에는 먼저 10개씩 묶은 수를 보면 돼. 낱개는 아무리 많아도 묶음 1개보다 많지 않아. 사과는 묶음의 수가 8, 배는 묶음의 수가 6이니까 묶음의 수가 8인 사과의 개수가 더 많아. 그렇다면 팥쥐가 비교한 수 50과 51처럼 묶음의 수가 같은 경우에 더 큰 수는 무엇일까? 이때에는 낱개의 수가 더 큰 51이 큰 수가 돼.

이렇게 수를 비교할 때에는 묶음의 수를 먼저 비교하고, 묶음의 수가 같다면 낱개의 수를 비교하는 거야. '51은 50보다 크다.' 라는 것을 51 > 50이라고 표시해. < 의 벌어진 쪽이 큰 수를 향하게 하는 거지.

- 우주여행단 4명의 번호가 옷에 적혀 있어. 마지막 사람의 번호는 몇 번인지 ☐ 안에 알맞은 수를 써 줘.

(1) 우주여행단의 번호는 ☐씩 커지는 규칙이 있어.

(2) 우주여행단 마지막 사람의 번호는 ☐번이야.

풀어 보자

몇십 알기

1 어부가 바다에서 잡은 물고기와 조개의 수를 세고 있어. 어부의 말을 읽고, □ 안에 알맞은 수나 말을 써 줘.

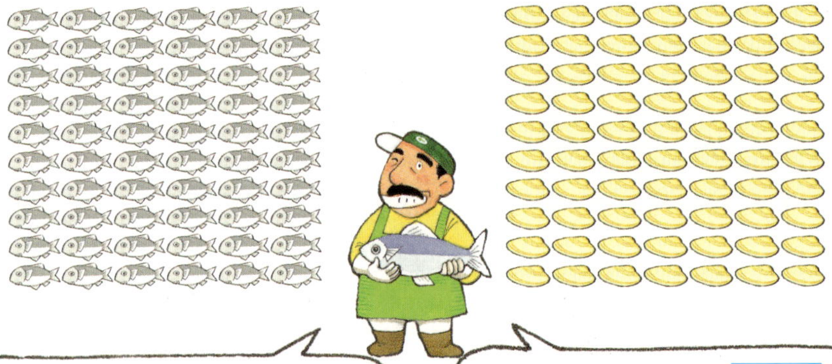

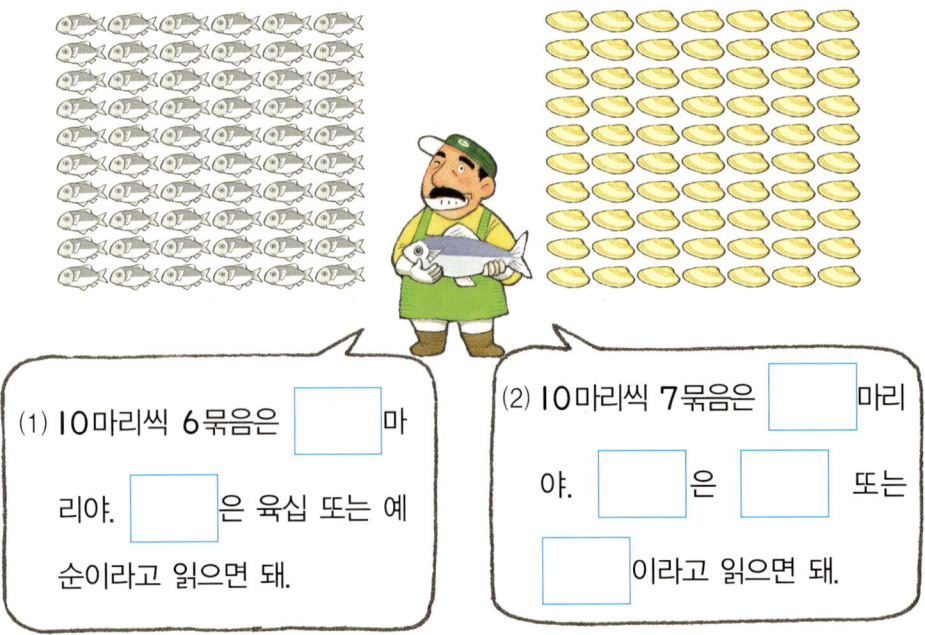

(1) 10마리씩 6묶음은 □ 마리야. □ 은 육십 또는 예순이라고 읽으면 돼.

(2) 10마리씩 7묶음은 □ 마리야. □ 은 □ 또는 □ 이라고 읽으면 돼.

60 (육십, 예순)
70 (칠십, 일흔)
80 (팔십, 여든)
90 (구십, 아흔)

몇십 알기

2 욕심이는 한 장에 10개씩 별이 그려져 있는 딱지를 모으는 중이야. 딱지에 그려진 별은 모두 몇 개일까? (　　　　　　　　)개

10개씩 ■묶음은 ■0이야. 딱지가 모두 몇 장인지 세면 별이 모두 몇 개인지 쉽게 알 수 있어.

몇십 몇

3 관리실 아저씨와 학생이 전화통화 중 수를 잘못 말하고 있어. 잘못 말한 부분을 찾아 바르게 고쳐 줘.

몇 호를 말할 때, 어떻게 읽을까?
우리는 보통 64호를 육십사호라고 읽어. 예순넷호라고 읽지는 않는다는 것에 주의하렴.

잘못 말한 수		고친 수	잘못 말한 수		고친 수
	➡			➡	

몇십 몇

4 누가 누가 빨리 찾을 수 있을까? 글을 읽고, 알맞은 수가 써 있는 그림을 찾아 알맞은 표시를 해 줘.

몇십 몇의 수에서 앞의 숫자에 따라 동물이 달라져.
5■ : 강아지,
6■ : 토끼,
7■ : 호랑이,
8■ : 개구리,
9■ : 쥐

- 오십오번을 찾아 △ 표시하기
- 구십육번을 찾아 ♡ 표시하기
- 여든아홉번을 찾아 ☆ 표시하기

풀어 보자

몇십 몇

5 민아는 친구에게 동요를 문자 메시지로 보냈어. 모두 몇 글자를 보냈는지 세어 봐. (　　　　　　　　)글자

한 줄에 몇 글자씩 쓰여 있는지 세어 보면 쉽고 빠르게 셀 수 있을 거야.

나비야나비야이리날아
오너라노랑나비흰나비
춤을추며오너라봄바람
에꽃잎도방긋방긋웃으
며참새도짹짹짹노래하
며춤춘다
???
띄어쓰기를 하지 않았는데 …
무슨 동요인지 알 수 있겠지?

100까지의 수의 순서

6 50부터 100까지의 수를 차례로 줄로 연결하여 그림을 완성해 줘.

50부터 1씩 커지는 수를 찾아 수의 순서에 맞게 차례로 연결해 봐. 예쁜 그림이 완성될 거야.

두 수의 크기 비교

7 과일을 좋아하는 악어는 과일에 적힌 수가 큰 쪽으로 입을 벌려. 입을 잘못 벌린 악어를 찾아 ╳표 해 줘.

10개씩 묶음의 수가 다르면, 10개씩 묶음의 수가 더 큰 수가 커.
10개씩 묶음의 수가 같으면 낱개의 수가 더 큰 수가 크지.

두 수의 크기 비교

8 카드에 써 있는 수가 클수록 공격력이 세져. 마왕을 이기기 위해 내야 하는 카드를 찾아 ○표 해 줘.

10개씩 묶음의 수와 낱개의 수로 나누어서 비교해야 해.
10개씩 묶음의 수가 크면 당연히 큰 수야.
10개씩 묶음이 같다고? 그러면 낱개의 수가 크면 큰 수야!
마왕보다 10개씩 묶음의 수가 큰 수가 없다면 낱개의 수를 비교해 봐.

풀어 보자

두 수의 크기 비교

9 물은 큰 수쪽으로 흘러간대. 물이 흘러가는 길을 따라가면 고래를 만날 수 있어. 고래를 만날 수 있게 물이 흐르는 길을 표시해 줘.

강물이 갈라지는 부분에 있는 두 수를 비교하는 거야.

규칙 찾기

10 문제를 맞춘 사람은 퀴즈왕이 될 수 있어. 각자의 답을 보고, 퀴즈왕이 될 사람의 이름을 써 줘. (   )

68부터 모두들 잘 시작했어. 3씩 잘 뛰어세었는지, 8번을 뛰어세었는지 모두 확인해 봐.

규칙 찾기

11 색깔별로 규칙을 찾아 빈 곳에 알맞은 수를 써 넣으면 탈출할 수 있대. 빈 곳에 알맞은 수를 써 줘.

> 같은 색인 길이 몇씩 커졌는지, 몇씩 작아졌는지 규칙을 찾아봐.

100까지의 수

12 마녀는 소녀가 할머니 집을 찾아갈 수 없도록 번지 수를 지웠어. 쪽지에 써 있는 힌트를 보고, 할머니 집을 찾아 ○표 해 줘.

> 8□<□0<9□이야. 그럼 가장 먼저 가운데 집의 번지 수를 알 수 있겠지?

정리해보자

99까지의 수 알기

- 10개씩 6묶음과 낱개 4개를 64라고 합니다.
- 64를 육십사 또는 예순넷이라고 읽습니다.

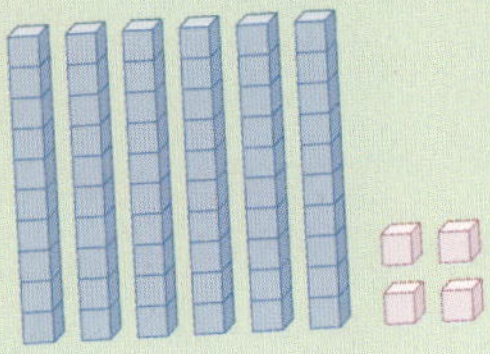

99까지의 수 세기

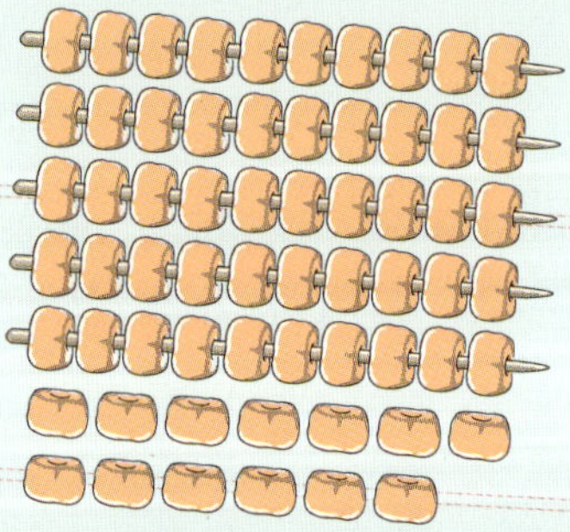

곶감은 10개씩 5묶음과 낱개 13개입니다. 낱개 13개는 10개씩 1묶음과 낱개 3개와 같습니다. 따라서 곶감은 10개씩 6묶음과 낱개 3개와 같으므로 모두 63개입니다.

수의 순서 알기

96 — 97 — 98 — 99 — 100

99 다음의 수를 100이라 하고, 백이라고 읽습니다.
두 수의 크기 비교를 할 때는 > 또는 <를 이용합니다.
75는 56보다 큽니다. ➡ 75 > 56
64는 72보다 작습니다. ➡ 64 < 72

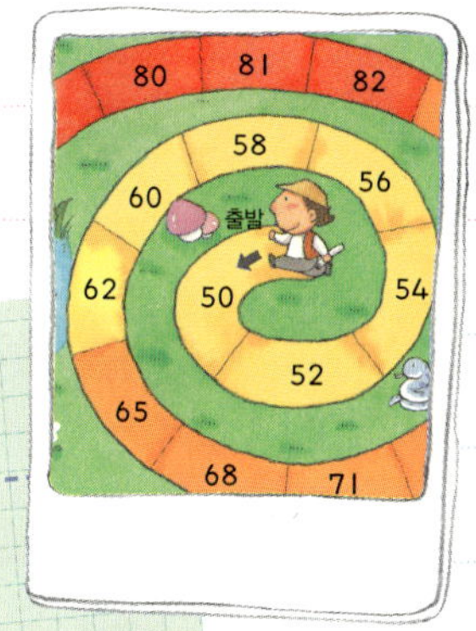

규칙 찾기

51	52	53	54	55	56	57	58	59	60
61	62	63	64	65	66	67	68	69	70
71	72	73	74	75	76	77	78	79	80

- 빨간색으로 둘러싸인 수들은 1씩 커지는 규칙입니다.
- 파란색으로 둘러싸인 수들은 10씩 커지는 규칙입니다.

29 여러 가지 모양 알기

1학년 2학기 2단원

네모, 세모, 동그라미 모양을 알아보자.

동전은 동그라미 모양이다.

수학교과서, 연습장, 선물상자, 이정표는 모두 □ 모양이지. 크기와 모양은 조금씩 다르지만 네 부분이 뾰족하고, 네 부분이 평평해. 이 모양은 네모 귀신과 같은 네모 모양이야. 삼각자, 트라이앵글, 삼각김밥은 어때? 세 부분이 뾰족하고, 세 부분이 평평하지. 이 모양은 세모 모양이야. 동전, 탬버린, 둥근 시계, 컵을 보면 둥글어 보이지? 이것은 동그라미 모양이라고 해.

이번에는 지민이와 경은이 두 친구가 집에서 갖가지 모양을 가진 것들을 찾아 서로 비교한 것으로 알아볼까? 지민이네 집 식탁은 네모 모양인데, 경은이네 집 식탁은 동그라미 모양이었어. 또 지민이의 거울은 동그라미 모양이었는데, 경은이의 거울은 세모 모양이었어. 그리고 지민이와 경은이의 휴지통은 크기는 엄청 차이가 났지만 둘다 네모 모양이었대.

● 같은 모양끼리 점선을 줄로 이어 보고, (　　) 안의 알맞은 말에 ○표 해 줘.

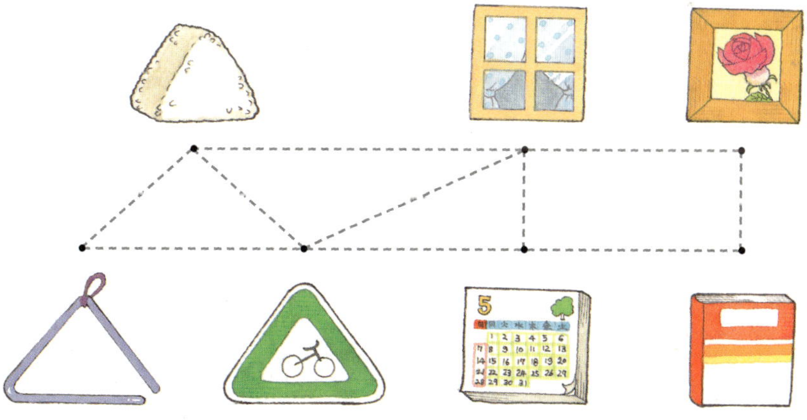

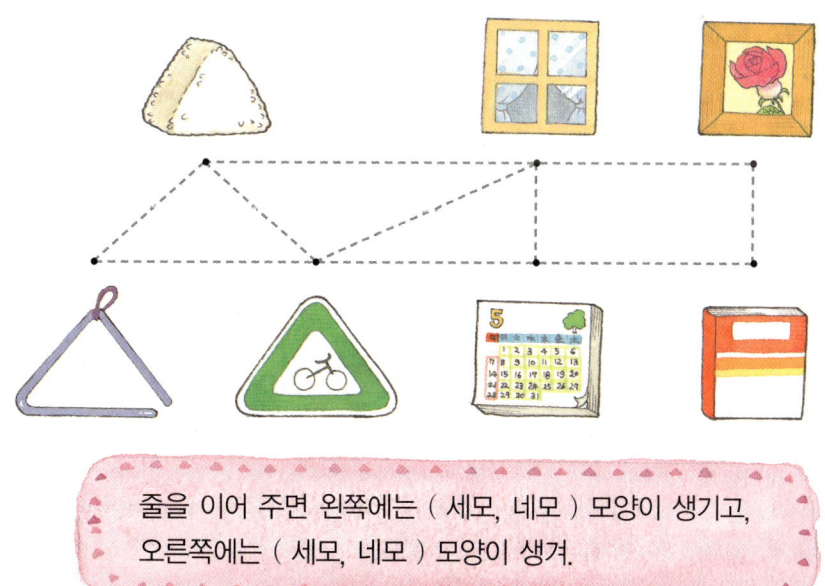

줄을 이어 주면 왼쪽에는 (세모, 네모) 모양이 생기고,
오른쪽에는 (세모, 네모) 모양이 생겨.

30 여러 가지 모양 만들기

네모, 세모, 동그라미 모양으로 모양을 만들어 보자.

여러 모양으로 다른 모양을 만들 수 있다.

왼쪽 만화를 봐. 기린, 잠자리, 돼지는 모두 모습은 다르지만 공통점이 있어. 모두 네모, 세모, 동그라미 이 3가지 모양으로 만들었다는 거야. 네모, 세모, 동그라미 모양의 크기와 위치를 바꿔 여러 가지 모양을 새롭게 만들 수 있어. 집도 만들 수 있고, 우주선, 비행기, 자전거까지도 만들 수 있지.

모양을 만들 때 이쑤시개나 성냥개비를 이용하면 더욱 자유롭게 만들 수 있어. 아래의 아롱이와 다롱이가 만든 기차를 봐. 둘 다 기차를 만들었지만 모양이 조금씩 달라. 다른 곳을 ○로 표시해 보았어.

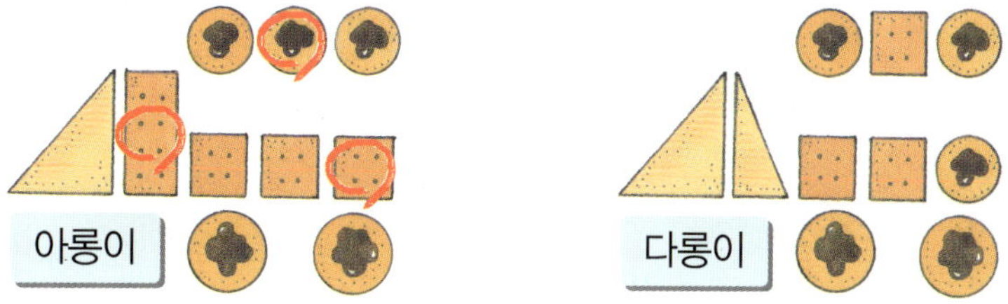

● 화가가 공주를 위해 그림을 그리려고 해. 화가의 쪽지를 보고, 점판 위에 화가가 그릴 그림을 완성해 줘.

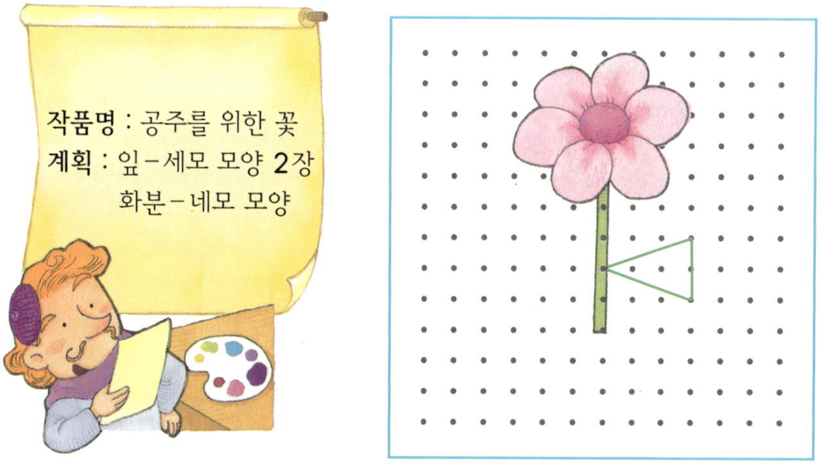

31 규칙 찾기

이 무덤 속에 보물이 숨겨 있다고?
으하하하~ 우린 부자가 될거야.
그럼요! 히히히히~
하하하
이게 뭐지?
암호를 풀어야 문이 열리나 봅니다.
다이아몬드, 다이아몬드, 태양, 태양이 되풀이되는구나.
그렇다면 □에는 태양을 눌러야 해.
틱!
피슝~
하하하! 역시 머리가 좋아야 한다니까!!
또 암호야? 보물이 많긴 많나 보군.
꽃, 별, 꽃이 반복되고, 분홍색, 노란색이 반복되는 규칙이야.
틱!
그렇다면 □에는 노란색 별이겠군.
역시 내 머리를 따라올 자는 없어!
어서 보물을 찾자!!
컥!… 무덤이 아니라 공중 화장실? … 망했다.
으아아악~ 더러워!

여러 가지 규칙을 찾아보자.

■▲■▲■▲는 ■▲이 되풀이 되는 규칙이다.

■▲■▲■▲… 와 같은 모양이 있어. 그냥 아무렇게나 모양을 늘어놓은 것만은 아니야. ■ 와 ▲ 가 한 개씩 반복되어 나오지. 이 모양은 ■▲ 가 되풀이되는 규칙을 가지고 있어. ■▲●■▲●■▲●…에서는 ■▲●가 되풀이되고 있어. 되풀이되는 모양을 안다면 다음에 나올 모양을 쉽게 예상할 수 있지. ■▲●이 되풀이되므로 ■ 다음에는 항상 ▲ 이 오고, ● 다음에는 항상 ■ 이 올 거야. 규칙적으로 반복되는 모양들을 이용해서 우리 주변을 꾸미기도 해. 규칙이 있는 모양으로 꾸미면 정돈되고 깔끔한 느낌을 주거든.

색종이를 오려 재미있는 모양들을 만들어 나만의 규칙을 만들어 보자. 빈 공간에 나만의 규칙을 정해 색칠해 보는 것도 좋을 거야.

● 두 가지 종류의 과자를 규칙이 있게 매달아 놓고 과자 따먹기시합을 했어. 1등을 한 용이가 먹은 과자를 찾아 ○표 해 줘.

어떤 과자 2개가 반복되는지 찾으면 내가 먹은 과자를 금방 알 수 있을 걸? 음… 맛있다.
용이

(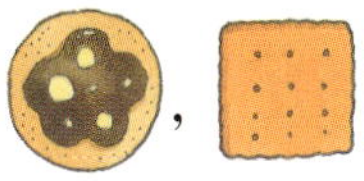)

풀어 보자

여러 가지 모양

1 돼지 삼형제가 밀가루 반죽에 모양틀로 찍어 쿠키를 만들고 있어. 만들어진 쿠키 모양에 맞게 줄로 연결해 줘.

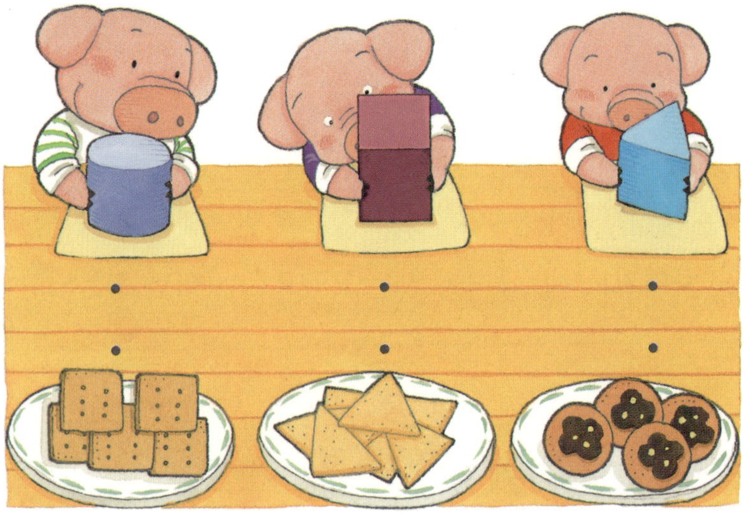

돼지가 찍은 모양이 어떻게 나올지 생각해 봐. 모양틀로 찍은 쿠키 모양은 모양틀을 종이 위에 대고 그렸을 때의 모양과 같아.

여러 가지 모양

2 평강 공주가 성에 갇혀 있어. 몇 번 사다리를 타고 올라가야 공주를 구할 수 있을까? (　　　　　　)

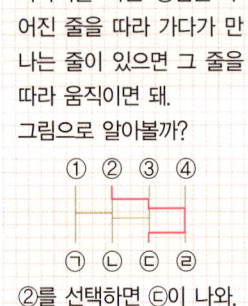

사다리를 타는 방법은 주어진 줄을 따라 가다가 만나는 줄이 있으면 그 줄을 따라 움직이면 돼. 그림으로 알아볼까?

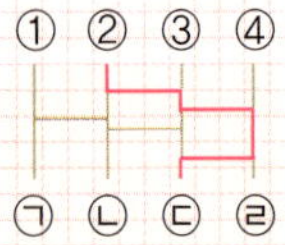

②를 선택하면 ㉢이 나와.

여러 가지 모양 찾기

3 이상한 나라 마트에서는 산 물건 모양의 개수가 영수증에 찍혀 나와. 산 물건을 보고, 영수증의 □ 안에 알맞은 수를 써 줘.

여러 가지 모양 찾기

4 스핑크스가 낸 문제를 맞춰야만 지나갈 수 있대. 아이가 무사히 지나갈 수 있도록 □ 안에 알맞은 수를 써 줘.

"크고 작은"이라는 말을 잘 생각해 봐. 바로 눈에 보이는 삼각형만 생각하면 안 돼.

오른쪽 모양에는 크고 작은 세모 모양이 몇 개나 있느냐?
세모 모양? 아! 알아요! □개 있어요.
문제를 바꾸든지 해야지. 너무 쉬운가 보군.

여러 가지 모양 찾기

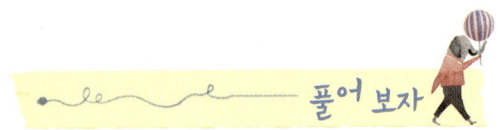

5 도화지에 네모, 세모, 동그라미 모양으로 나무, 잠자리, 꽃 그림을 그렸어. 가장 많이 그린 모양은 무엇일까?(   ) 모양

네모, 세모, 동그라미 모양을 사용하여 멋진 풍경을 그렸어. 각 모양마다 사용된 개수를 세어 봐.

여러 가지 모양 만들기

6 우리들의 친구, 수세미군은 얼굴과 귀가 세모 모양, 눈이 동그라미 모양이야. 그리고 발은 네모 모양이야. 수세미군을 찾아 줘.

(   )

얼굴과 귀는 세모 모양, 눈은 동그라미 모양인 모양을 먼저 찾아봐.

규칙 찾기

7 미로를 지나면서 규칙을 찾아 마지막 모양에 알맞게 색을 칠해 줘.

미로를 지나면서 모양의 색칠된 곳의 규칙을 알아 봐.

규칙 찾기

8 토돌이는 규칙적으로 깃발을 꽂으면서 산꼭대기까지 올라갔어. 산꼭대기에 꽂은 깃발은 어떤 모양인지 빈 곳에 그려 줘.

산꼭대기까지 가는 길에 꽂은 깃발을 보고, 되풀이되는 모양을 잘 찾아봐.

정리해보자

여러 가지 모양 알기

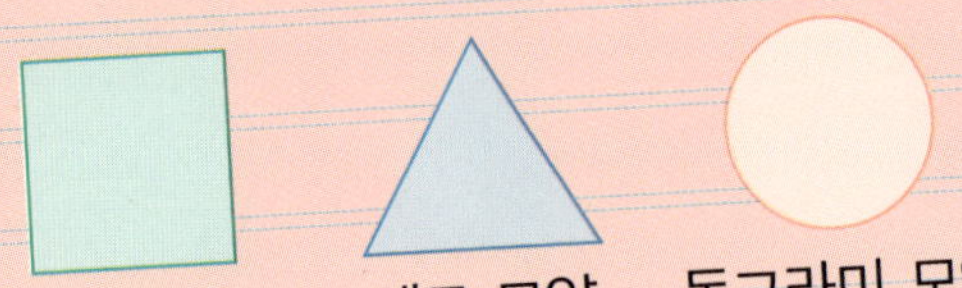

네모 모양 세모 모양 동그라미 모양

여러 가지 모양 찾기

네모 모양	
세모 모양	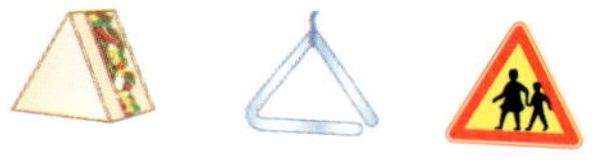
동그라미 모양	

여러 가지 모양 만들기

- 네모 모양 : 2개
- 세모 모양 : 2개
- 동그라미 모양 : 3개

여러 가지 모양 그리기

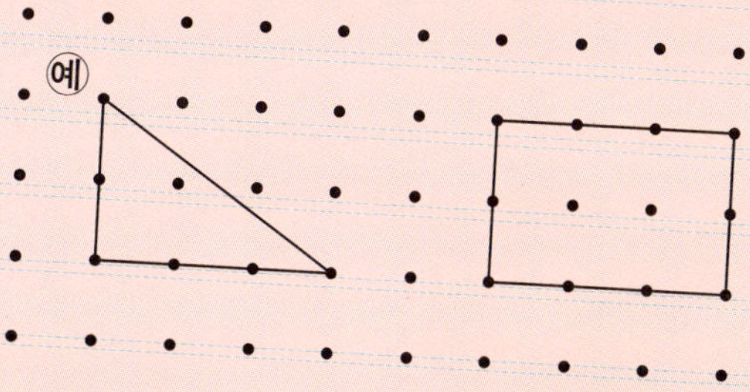

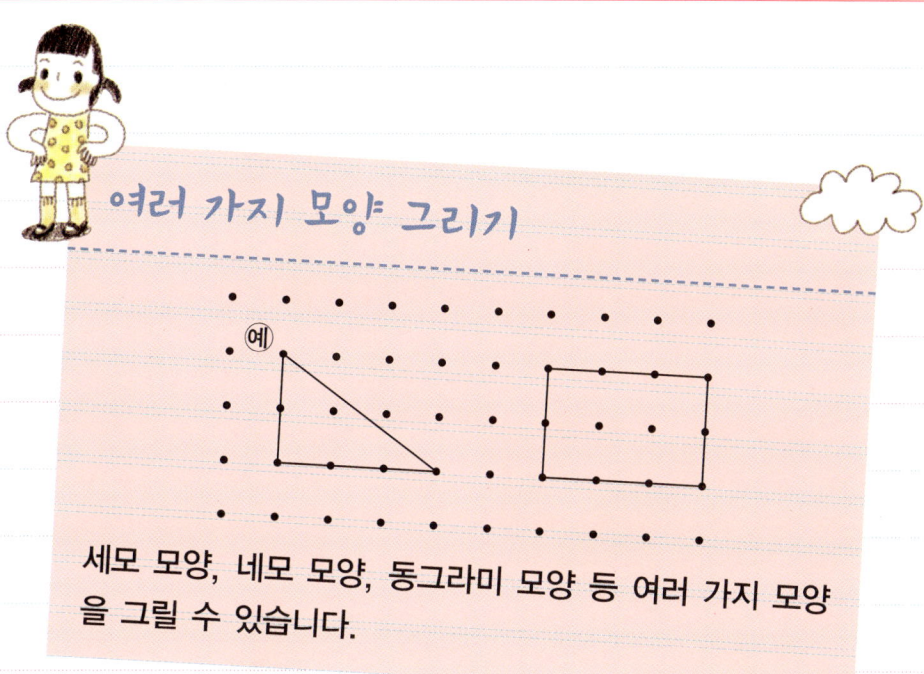

세모 모양, 네모 모양, 동그라미 모양 등 여러 가지 모양을 그릴 수 있습니다.

규칙 찾기

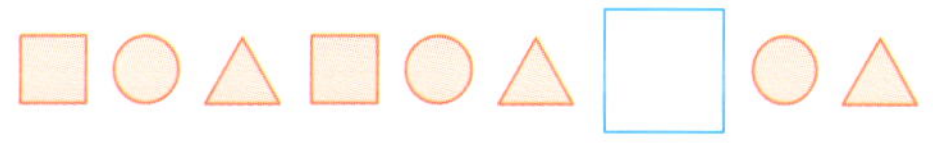

➡ □○△가 되풀이되는 규칙이므로 □ 안에 □가 들어가야 합니다.

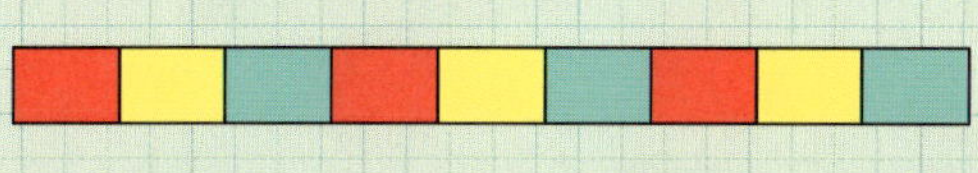

➡ 빨간색, 노란색, 초록색이 번갈아가며 칠해진 규칙입니다.

32 10을 두 수로 가르기

10을 두 수로 가르기해 보자.

10은 3과 7, 2와 8 등으로 가를 수 있다.

구슬 10개를 둘로 나눠보려고 해. 한쪽에 5개를 두면 다른 한쪽에도 5개를 둘 수 있어. 만일 한쪽에 3개를 두면 다른 한쪽에는 7개를 둘 수 있지. 그림을 그려 생각해 보면 훨씬 이해가 잘될 거야. 구슬을 10개 가져와 봐. 구슬이 아니라도 좋아. 뭐든지 손에 집을 수 있는 크기의 작은 물건 10개를 가져와서 여러 가지 방법으로 갈라 봐.

빵을 한쪽에 4개 두었더니 다른 한쪽은 6개가 되었고, 초콜릿을 한쪽에 8개 두었더니 다른 한쪽은 2개가 되었어.

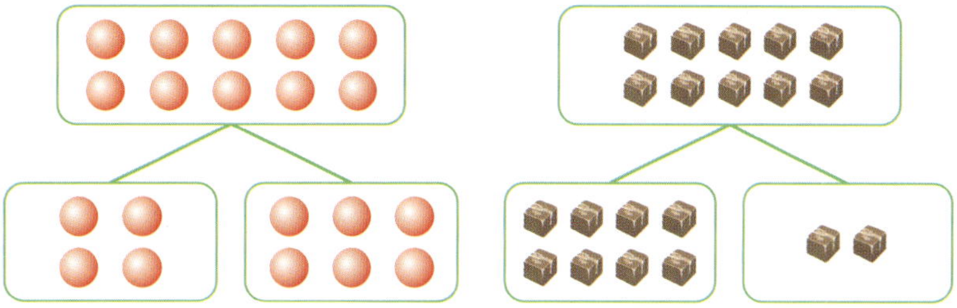

● 꼬꼬 부부와 꿀꿀 부부에게 빵을 각각 10개씩 나누어 주었어. 빵을 어떻게 나누어 주었는지 빈 접시에 빵의 수만큼 ○를 그리고, 빈 곳에 알맞은 수를 써 줘.

33 두 수를 10이 되게 모으기

두 수를 10이 되게 모아 보자.

2와 8, 1과 9를 모으면 10이다.

10을 두 수로 가를 수 있다면 두 수를 모아서 10으로 만드는 것도 문제없어. 가른 두 수를 모으면 10이 되니까.

10을 2와 8로 가를 수 있어. 또한 2와 8을 모으면 10이 되겠지. 가르기를 했던 방법처럼 구슬을 이용해도 좋아. 구슬 1개가 있어. 몇 개를 더 모아야 10개가 되지? 구슬이 1개가 있으니 2개부터 10개가 될 때까지 수를 세어 봐. 모두 9개를 더 모으면 돼. 만약 구슬의 수가 0이라면 10개를 더 모아야 10이 되겠지?

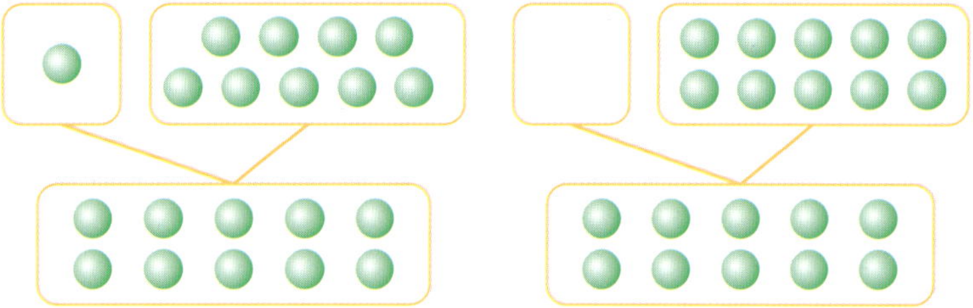

- 퍼즐 조각이 10개인 퍼즐을 완성시키려고 해. ☐ 안에 알맞은 수를 써 줘.

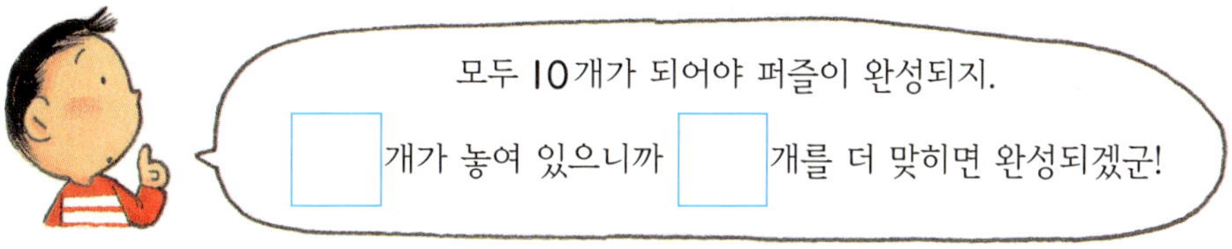

모두 10개가 되어야 퍼즐이 완성되지.
☐ 개가 놓여 있으니까 ☐ 개를 더 맞히면 완성되겠군!

34 10이 되는 더하기

우와~
최고의 실력을 보여주는 왕자에게 왕의 자리를 물려 주겠다.
갈고 닦은 능력을 한껏 펼쳐 보아라.
네!!!
휙
이얍!! 얍!!
오호~ 칼 한 번에 나무를 10개로 도막내다니….
후계자 선발대회
후계자
피융
와~! 역시 둘째 왕자님이셔.
오~!! 화살 한 번에 새 10마리를 잡다니….
툭!
후계자
툭!
후훗!
셋째 왕자야, 너는 어떤 능력을 보여 주겠느냐?
저는 머리 양쪽에 혹이 5개씩 생기도록 하겠습니다.
이얏~
샥
샥
??
??
후계자 척! 선발대회
뭐야?
팍
팍
팍
팍
팍
이쪽 5개, 요쪽 5개. 합해서 10개.
하하하
으이구~ 몇대 더 맞아라~!

두 수의 합이 10이 되는 더하기와 덧셈식을 써 보자.

3과 9를 모으면 10이 된다. → 3+7=10

첫째 왕자는 한 숨에 나무를 3도막 내었고, 곧바로 7도막을 더 만들어 냈어. 3과 7을 모으면 10이 돼. 이것을 '+' 기호를 이용하여 더하기로 나타낼 수 있어. '3+7=10'과 같이 말이야. '+' 기호는 단번에 만들어진 건 아니야. 아주 오랜 옛날 한 이탈리아 수학자가 더하기라는 그 나라의 말을 줄여 쓰면서부터 시작되어 현재의 + 모양이 되었대.

둘째 왕자의 사냥솜씨를 봐. 첫 화살로 새 4마리, 둘째 화살로 새 6마리를 잡았어. 모두 10마리야. 이것을 덧셈을 이용하여 '4+6=10'으로 나타낼 수 있어.

● 합한 글자 수가 10개가 되는 말끼리 줄로 잇고, □ 안에 알맞은 수를 써 넣어 봐.

3글자에 □ 글자를 더하면 10글자가 됩니다.

➡ □ + □ =10

35 10에서 빼기

1학년 2학기 3단원

10에서 몇을 빼고 남은 것을 알고, 뺄셈식을 써 보자.

10에서 5를 빼면 5가 남는다. → 10 − 5 = 5

앞에서 배운 가르기가 기억나니? 가르기를 잘 이용하면 빼기를 할 수 있어. 10은 1과 9, 2와 8, 3과 7, 4와 6, 5와 5로 가를 수 있었지? 이 중 왼쪽의 만화에서 첫째 왕자의 황금 수를 봐. 왕자는 10개의 황금 중 5개는 나눠주고, 5개를 남겼어. 이건 10개의 황금을 5개와 5개로 가르기 한거야. 식으로 '10 − 5 = 5' 라고 나타내. 이처럼 10에서 가른 한 수를 빼면 나머지 한 수가 되는거야.

여기서 빼기를 표시하는 '−' 기호는 뺀다는 뜻의 minus를 간단히 쓴 m을 사용하다가 필기체처럼 빠르게 쓰면서 − 모양으로 바뀌었다고 해.

- 무적의 기사가 10걸음을 걸어가서 거인과 싸우고, 성으로 돌아가는 중이야. 성까지 몇 걸음을 더 가야 하는지 □ 안에 알맞은 수를 써 줘.

0 1 2 3 4 5 6 7 8 9 10
휴~
6걸음 걸어왔구나.
앞으로 몇 걸음을
더 가야하지?

10 − □ = □, □ 걸음

풀어 보자

10개를 두 묶음으로 가르기

1 요리사들에게 달걀 10개씩을 나누어 주고, 요리를 하도록 했어. 누가 한 요리인지 줄로 이어 줘.

10개를 가지고 요리를 했어. 남아 있는 달걀 수를 세어 보면 몇 개로 요리를 만들었는지 금방 알 수 있을 거야.

10개를 두 묶음으로 가르기

2 어린이들이 꼬마바이킹을 타려고 줄을 서 있어. 누구까지 탈 수 있을까? 마지막에 탈 수 있는 어린이를 찾아 ○표 해 줘.

꼬마바이킹에 타고 있는 어린이 수를 세어 봐. 몇 명이 더 탈 수 있는지 알 수 있을 거야.
그리고 꼭 마지막에 탈 수 있는 어린이에게만 ○표 해야 해.

10을 가르기와 모으기

3 마녀를 무찌르려면 표지판에 써 있는 수만큼의 재료가 필요해. 난쟁이들에게 각각 몇 개의 재료가 더 필요한지 □ 안에 알맞은 수를 써 줘.

4와 6, 5와 5, 3과 7을 모아야 10이 된다는 것을 알고 있지?
잠든 난쟁이 주변에 버섯, 구슬, 꽃의 수를 세어 봐.

10이 되는 더하기

4 게임 화면에 야옹이와 멍멍이의 얼굴이 모두 몇 개인지 구해 봐.

두 동물의 얼굴의 수를 빠짐없이 센 후 덧셈을 해 봐.

□ + □ = □ (개)
(야옹이) (멍멍이)

풀어 보자

10이 되는 더하기

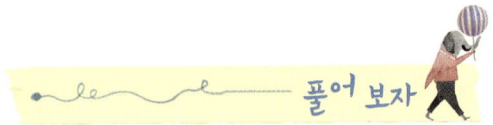

5 숫자 나라에 스파이가 있대. 합이 10이 아닌 깃발을 들고 있는 사람이 스파이야. 스파이를 찾아 ○표 해 줘.

합이 10이 되는 두 수를 기억하고 있지? 1과 9, 2와 8, 3과 7, 4와 6, 5와 5! 이제 스파이를 찾아봐!

10이 되는 더하기

6 '나비야' 반주에 노래를 불러 보며, □ 안에 알맞은 수를 써 봐.

더해서 10이 되는 두 수를 말하라고 할 때에는 더하기(+)를 쓰지 않고, 10과 0, 1과 9, 2와 8, 3과 7, 4와 6, 5와 5만 말하면 돼!

10이 되는 더하기와 10에서 빼기

7 커튼 뒤에 어떤 수가 숨어 있는지 수가 하는 말을 보고, □ 안에 알맞은 수를 써 넣어 봐.

10이 되려면 몇을 더하고, 몇을 빼야 하는지 잘 생각해 봐.

❶ 저와 6을 더하면 10이 된답니다.
❷ 10에서 저를 빼면 5가 남는답니다.

❶ □+6=10　　❷ 10−□=5

10에서 빼기

8 까뭉이가 풍선을 가지고 놀고 있는데 하몽이가 몇 개를 터트렸어. 하몽이가 터트린 풍선 수만큼 /로 지우고, □ 안에 알맞은 수를 써 줘.

까뭉이의 풍선의 개수가 10개가 되어야 한대. 10개 중 6개가 남으려면 몇 개를 지워야 할지 생각해 봐.

풍선이 10개 있었는데 6개밖에 안 남았잖아.
하몽이
까뭉이

10−□=6

풀어 보자

10에서 빼기

9 10칸짜리 기차가 터널을 빠져 나오고 있어. 3칸은 벌써 빠져 나왔네? 터널 안쪽에는 몇 칸이 있는지 □ 안에 알맞은 수를 써 줘.

10－3＝□, □칸

10칸 중 3칸이 보이지? 그럼 10칸에서 3칸만큼 뺀 나머지 칸이 터널 안에 있어.
○를 그려서 답을 구해 봐.
○를 10개 그리고 빠져 나온 칸 수만큼 /로 지우면 터널 안에 있는 기차의 칸 수를 쉽게 구할 수 있겠구나.

10이 되는 더하기

10 풍선 터트리기 게임에서 10이 되는 풍선을 1개 지우면, 보너스 풍선을 1개 얻을 수 있어. 보너스 풍선을 몇 개 얻을 수 있을까?

(　　　　　　)개

더해서 10이 되는 두 수를 먼저 생각해 봐.

10에서 빼기

11 코코아, 케익, 사탕은 각각 어떤 수를 나타내. 사탕이 나타내는 수를 맞히면 간식을 먹을 수 있어. 초롱이가 간식을 먹을 수 있도록 사탕이 나타내는 수를 써 줘. (　　　　　　)

복잡해 보인다고 포기하지 마. 세 식 중 쉽게 풀 수 있는 식을 먼저 찾아야 해. 첫번째 식을 잘 보렴. 코코아 두 잔이 나타내는 두 수가 8이니까 똑같은 두 수를 더해서 8이 되는 수를 찾아봐.

10이 되는 더하기와 10에서 빼기

12 □ 안에 알맞은 수를 구하고, 그 수에 맞는 글자를 찾아 빈 곳에 차례로 써 줘. 답을 완성하면 성에 갇힌 공주가 풀려난대.

우선 □ 안에 들어갈 수를 구해야 해. 그 다음 구한 수에 맞는 글자를 차례로 나열해 봐. 어떤 문장인지 알아냈지?

0	1	2	3	4	5	6	7	8	9	10
저	에	나	쇠	무	어	잡	요	있	가	열

10 − ① = 10	8 + ② = 10
10 − ③ = 6	④ + 9 = 10
10 − ⑤ = 0	10 − ⑥ = 7
10 − ⑦ = 1	10 − ⑧ = 2
10 − 5 = ⑨	10 − ⑩ = 3

10을 두 수로 가르기

10	0	1	2	3	4	5
	10	9	8	7	6	5

10은 0과 10, 1과 9, 2와 8, 3과 7, 4와 6, 5와 5, 6과 4, 7과 3, 8과 2, 9와 1, 10과 0으로 가를 수 있습니다.

10이 되게 모으기

0	1	2	3	4	5	10
10	9	8	7	6	5	

0과 10, 1과 9, 2와 8, 3과 7, 4와 6, 5와 5, 6과 4, 7과 3, 8과 2, 9와 1, 0과 10을 모으면 10이 됩니다.

10이 되는 더하기 (1)

5에서 5를 더하면 10이 됩니다. ➡ $5+5=10$

10이 되는 더하기 (2)

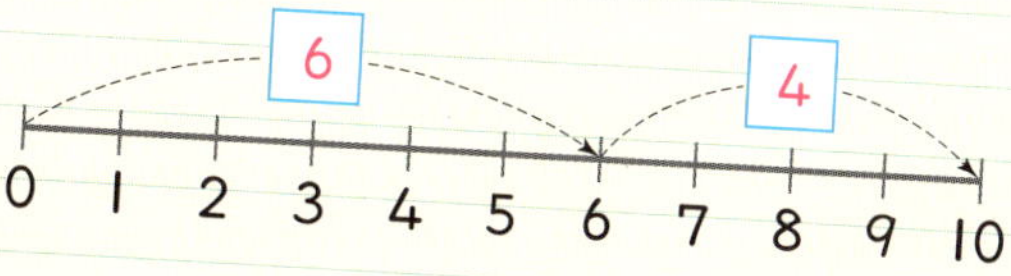

수직선에서 오른쪽으로 6칸을 가고, 다시 4칸을 가면 10이 됩니다. ➡ $6+4=10$

10에서 빼기 (1)

10에서 7을 빼면 3이 됩니다.
➡ $10-7=3$

10에서 빼기 (2)

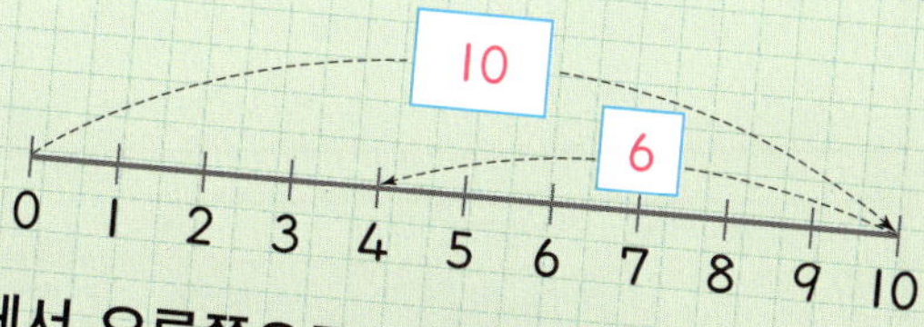

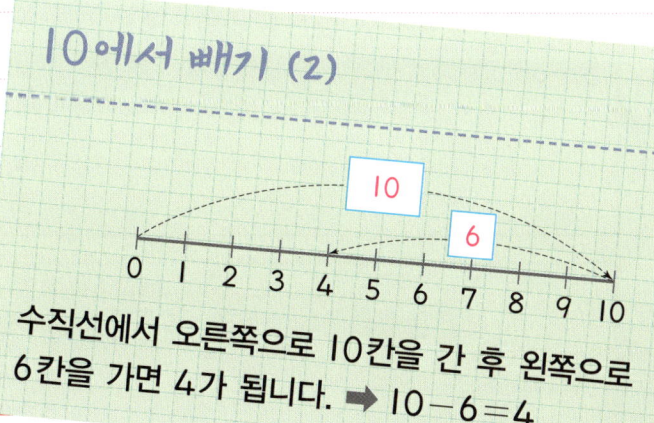

수직선에서 오른쪽으로 10칸을 간 후 왼쪽으로 6칸을 가면 4가 됩니다. ➡ $10-6=4$

36 세 수의 계산

하하핫! 나는 지구의 평화를 지키는 슈퍼걸!
앗! 악당들이 은행을 털고 있잖아?
BANK
애애앵ㅡ
앗! 너는 슈퍼걸?
혼자 왔냐? 가소롭구나.
모두 집합!
착!
팍!
가만히 보고 있을 수만은 없지.
우린 4명 입니닷!
우린 2명 입니닷!
우린 3명 입니닷!
아무 두 수나 먼저 더하면 돼.
4명
2명
3명
6
9
4+2+3=9
우린 모두 9명이다. 하하핫!
와
와
해치워라!
퍽!
팍
툭
팍
퍽!
헉헉… 도저히 못당하겠다.
몇 명 남았냐?
5명이 당하고, 4명밖에 안 남았습니다.
안되겠다. 부하들을 더 불러라.
2명이 더 온답니다.
그럼 모두 몇 명이야?
처음 있던 9명
당한 5명
더 온 2명
7
2
2명? 이상하네. 더 줄어드네?
어이쿠, 바보들! 차례로 계산해야지.
6명 이잖아.
처음 있던 9명
당한 5명
더 온 2명
4
6
9−5+2=6

세 수의 계산을 해 보자.

세 수는 앞에서부터 차례로 계산한다.

이제 두 수를 더하거나, 한 수에서 다른 수를 빼는 것은 할 수 있지? 하지만 계산을 할 때 항상 두 수만 다루는 것이 아니야. 왼쪽 만화의 내용처럼 세 수를 더할 수도 있고, 뺐다가 더해야 할 때도 있어. 물론 세 수를 한꺼번에 척척 계산해 낼 수도 있지만 가장 기본은 두 수씩 계산하는 거야.

세 수를 더하려면 두 수를 먼저 더하고 그 값에 남은 한 수를 더하면 되는 거지. 하지만 만화의 마지막 부분을 봐. 9－5＋2를 계산하는데 뒤의 5＋2부터 계산하니 결과가 틀렸어. 이처럼 덧셈과 뺄셈이 섞여 있을 때는 앞에서부터 차례로 해야 해.

● 로빈슨은 물고기를 잡으면 나무에 물고기를 그리고, 먹으면 /로 지운대. 남은 물고기가 몇 마리인지 □ 안에 알맞은 수를 써 줘.

어제 잡은 물고기 5마리 중에서 4마리를 먹고, 오늘 3마리를 더 잡았어.
어제
오늘

로빈슨

5－□＋□＝□ (마리)

37 (몇십 몇)+(몇십 몇)

주차장
빵빵
빵
차 좀 빼 주세요.
빵
빵
차들이 너무 많아서 뺄 수가 없어요.
내가 도와 줘야겠군 ….
빵빵
샥
슈퍼걸로 변신!
음하하핫. 제가 도와 드리지요.
샥
모두 몇 대지요?
와~! 슈퍼걸이다.
이쪽에 35대.
저쪽에 42대가 있으니까.
……
흠…. 내가 하는 게 빠르지.
휘릭
+ = 70
+ = 7
35 + 42 = 77
모두 77대네.
탈
탈
이쯤이야….
여러분, 위험하니까 잠시 피하세요.
오~
우와~! 저 알통 좀 봐.
휴~! 다했다.
랄랄라~! 집에 가자.
부우웅
흔들
흔들
자동차를 쌓아 놓으면 어떻게 해.

받아올림이 없는 (몇십 몇)+(몇십 몇)을 할 수 있다.

십 모형끼리, 낱개 모형끼리 더한다.

35+7을 수 모형으로 생각해 봐. 십 모형은 그대로 두어 3개이고, 낱개 모형은 5개와 2개를 모아서 7개야. 그래서 십 모형 3개와 낱개 모형 7개로 총 37개야.

이번에는 두 자리 수의 덧셈을 해 보자. 마찬가지로 35+42를 수 모형으로 생각해 봐. 십 모형끼리와 낱개 모형끼리를 따로 모아서 모두 더하면 십 모형은 모두 7개, 낱개 모형은 모두 7개로 총 77개야.

묶음의 수는 묶음의 수끼리 모으고, 낱개의 수는 낱개의 수끼리 모아 생각해.

식을 세로로 써서 계산할 때에는 자리를 똑바로 맞춰쓰는 것만 주의해 줘.

● 덧셈 에스컬레이터를 타고 올라가면 덧셈의 힌트를 얻을 수 있어. 힌트를 보고, □ 안에 알맞은 수를 써 줘.

❶ 먼저, 일의 자리 숫자 3과 2를 더해.
❷ 다음에 십의 자리 숫자 2와 4를 더해.
23
+42
23
+42
□
2 3
+4 2
□□

38

(몇십 몇)—(몇십 몇)

불이야!!
애앵
사람 살려~ 살려 주세요!
슈퍼걸 출동!
불길이 너무 세서 소방 대원들이 들어가지 못하고 있습니다.
안에 몇 명이 있나요?
28
28명이 있어요.
얼른 피하세요!
고마워요.
16명을 구해 냈어요. 몇 명이 남았나요?
28명
28−16
스윽
8−6=2
스윽
20−10=10
12명 남았습니다.
12명이 맞네요.
으~! 뜨거워!
와-와
슈퍼걸 만세!
와
내 엉덩이…, 흑….

받아내림이 없는 (몇십 몇)−(몇십 몇)을 할 수 있다.

십 모형 끼리, 낱개 모형끼리 뺀다.

(몇십 몇)−(몇십 몇)은 (몇십 몇)+(몇십 몇)과 같은 방법이야. 묶음의 수는 묶음의 수끼리 빼고, 낱개의 수는 낱개의 수끼리 빼는 거지.

수를 빼는 상황은 얼마든지 생길 수 있어. 예를 들어 과일 가게 주인이 전체 과일 중에서 오늘 팔고 남은 과일의 수를 계산하고 싶을 때에도 뺄셈은 필요해.

앞서 말한대로 (몇십 몇)−(몇십 몇)은 몇십은 몇십끼리, 몇은 몇끼리 빼주면 쉽게 알 수 있어. 이것도 어렵다면 전체 수만큼 ○를 그려 주고, 빼야 하는 수만큼 × 표시를 해 가며 지워서 남은 수를 알아내는 방법도 있어. 하지만 이 방법은 수가 많아지면 복잡해지기 때문에 이번 기회에 뺄셈하는 방법을 정확히 익혀 두도록 해.

● 쥐돌이가 먹은 치즈 13조각을 /로 지우고, 남은 치즈가 몇 조각인지 □ 안에 알맞은 수를 써 줘.

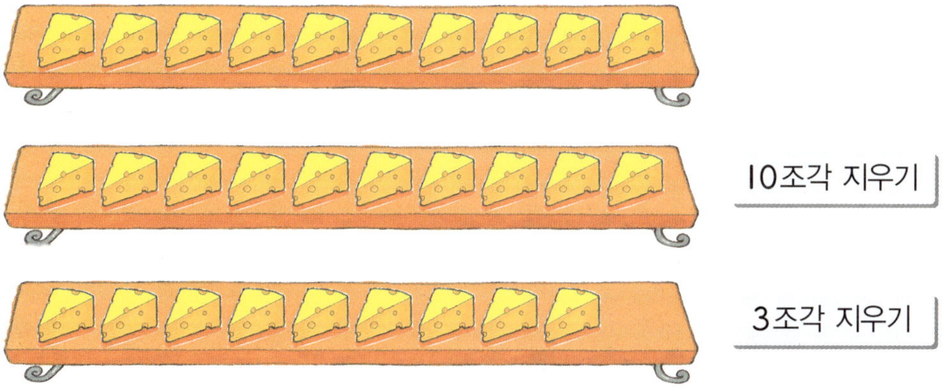

$29-13=\square$ (조각)

아~! 배부르다. 13조각이나 먹었네….
쥐돌이

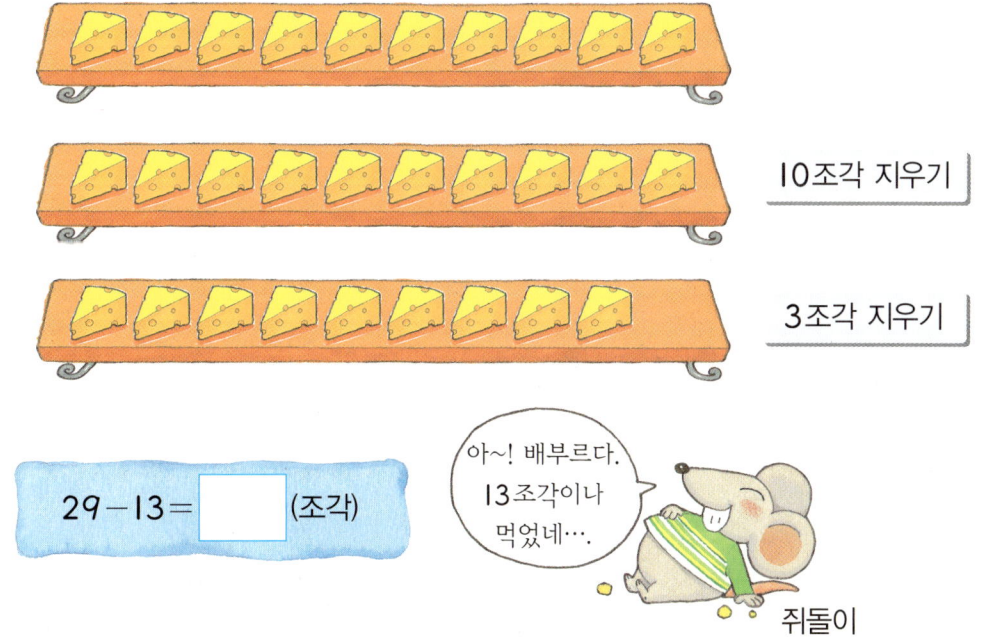

풀어 보자

세 수의 계산

1 공주가 3일 동안 먹은 사과의 수를 맞히면 공주를 깨울 수 있대. 공주를 깨울 수 있도록 □ 안에 알맞은 수를 써 줘.

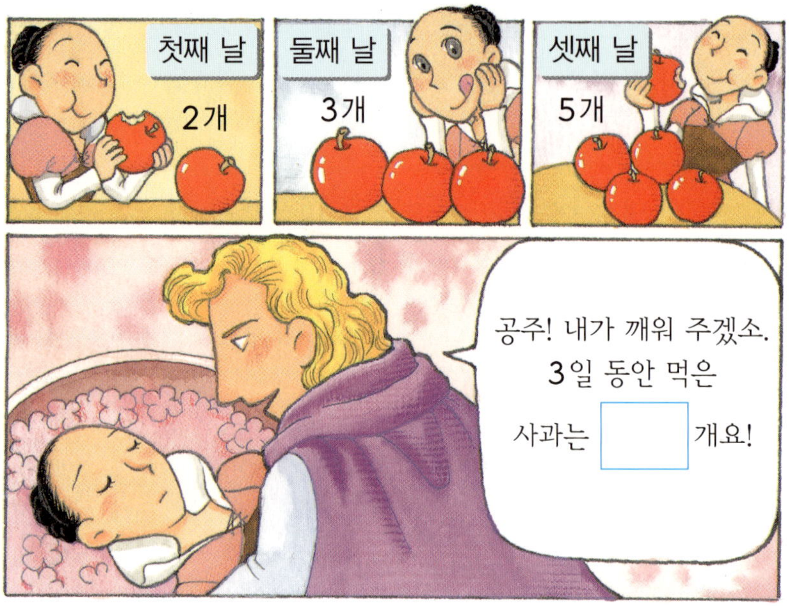

공주가 3일 동안 먹은 사과의 수는 첫째 날, 둘째 날, 셋째 날 먹은 사과의 수를 모두 더하면 알 수 있어.

세 수의 계산

2 산신령과 용왕님이 오목을 두고 있어. 검은 돌은 산신령의 돌이고, 흰 돌은 용왕님의 돌이래. 바둑경기가 끝난 후 바둑판에 남아 있는 돌은 몇 개일까?

용왕님의 돌		산신령의 돌		용왕님이 얻은 돌		남은 돌
□	+	□	−	□	=	□

먼저 용왕님과 산신령의 돌을 모두 더해. 그런 다음 용왕님이 얻은 산신령의 검은 돌을 빼면 바둑판 위에 남은 돌의 개수를 알 수 있어.

(몇십 몇)+(몇)

3 동물 줄넘기대회가 열렸어. 누가 줄넘기를 앞뒤로 가장 많이 넘었을까? (　　　　　)

(몇십 몇)+(몇)을 수 모형으로 알아보면 십 모형은 변하지 않아.

껑충이	어흥이	펄쩍이
앞으로 넘기 : 40번	앞으로 넘기 : 60번	앞으로 넘기 : 50번
뒤로 넘기 : 9번	뒤로 넘기 : 2번	뒤로 넘기 : 9번

(몇십 몇)+(몇)

4 금화를 넣으면 넣은 것보다 6개가 더 많이 나오는 신기한 항아리가 있어. 항아리에서 금화가 각각 몇 개씩 나오는지 □ 안에 알맞은 수를 써 줘.

넣은 것보다 6개가 더 많이 나오니까 넣은 금화의 수에 6을 더하면 돼.

□개　　　□개

풀어 보자

(몇십 몇)+(몇십 몇)

5 크리스마스 트리에 수가 쓰여진 여러 가지 장식이 걸려 있어. 같은 모양의 장식에 쓰여진 수끼리 더하여 □ 안에 알맞은 수를 써 줘.

같은 모양에 적힌 수끼리 더해 봐. 십의 자리와 일의 자리가 모두 바뀌지?

(몇십 몇)−(몇)

6 기구에 적힌 식의 값이 클수록 높이 올라간대. 누가 탄 기구가 가장 높이 올라갈까? (   )

(몇십 몇)－(몇십 몇)

7 해리는 마법의 나라로 가는 버스를 타려고 해. 해리가 가진 쪽지를 보고, 해리가 타야 하는 버스의 번호에 ○표 해 줘.

두 자리 수끼리 뺄셈을 할 때에는 일의 자리는 일의 자리끼리, 십의 자리는 십의 자리끼리 계산하면 돼.

뺄셈식을 보고, 덧셈식 만들기

8 숫자 나라에는 입구에 적힌 뺄셈식을 덧셈식으로 바르게 바꾼 자동차만 지나갈 수 있어. 토끼의 자동차가 지나갈 수 있도록 □ 안에 알맞은 수를 써 줘.

덧셈식은 뺄셈식으로, 뺄셈식은 덧셈식으로 나타낼 수 있어. 단, 식의 수는 바뀌지 않는다는 걸 기억해!

풀어 보자

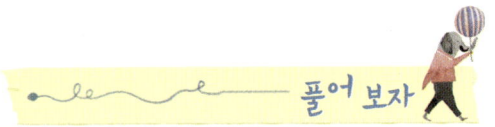

덧셈식을 보고, 뺄셈식 만들기

9 덧셈식을 보고, 뺄셈식을 제대로 만들어야 폭탄이 터지지 않아. 폭탄이 터지지 않도록 빈 곳에 알맞은 식을 써 줘.

뺄셈식으로 만든 식을 써야 폭탄이
터지지 않는데….

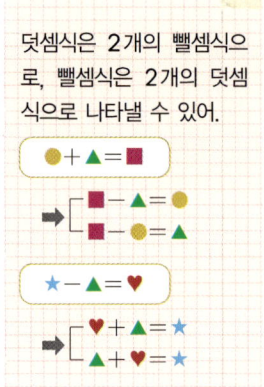

덧셈식은 2개의 뺄셈식으로, 뺄셈식은 2개의 덧셈식으로 나타낼 수 있어.

●+▲=■

➡ ■−▲=●
　 ■−●=▲

★−▲=♥

➡ ♥+▲=★
　 ▲+♥=★

더하기와 빼기

10 동화 속 주인공들이 자기의 나이가 서로 많다고 우기고 있어. 나이가 가장 많은 동화 속 주인공은 누구일까? (　　　　　　　　)

난 (95−22)살이야.
내 나이가 가장 많아.
어험~!
난 (3+82)살이야.
내가 가장 많다니까….
난 (48+20)살이야.
내가 가장 많지.
혹부리 영감
산신령
용왕

가로셈이 어려우면 세로셈으로 고쳐서 나타내 봐. 일의 자리는 일의 자리의 숫자끼리, 십의 자리는 십의 자리의 숫자끼리 계산하면 돼. 그럼 덧셈과 뺄셈은 문제 없겠지?

더하기와 빼기

11 풍선에 적혀 있는 식을 계산하여 값이 큰 풍선부터 빨간색, 주황색, 노란색, 초록색, 파란색, 남색, 보라색을 차례로 칠해 줘.

> 풍선에 쓰여진 식을 차례로 계산한 후 크기를 비교해 봐.
> 답이 가장 크게 나온 풍선에는 빨간색을 칠해야 해.

더하기와 빼기

12 창고에서 몰래 음식을 먹은 동물을 찾으려고 해. 계산한 값이 같은 발자국만 따라가면 범인을 알 수 있대. 누가 범인일까? (　　　　　　)

> 발자국의 모양은 비슷해도 발자국에 적힌 값은 달라. 하지만 값이 같은 발자국이 5개 있어. 그 발자국을 따라가면 돼.

정리해보자

세 수 계산하기

• 세 수의 덧셈

$$5+2+2=9$$

(5+2 → 7, 7+2 → 9)

세 수의 덧셈은 어느 두 수를 먼저 더해도 계산 결과가 같습니다.

• 세 수의 혼합 계산과 세 수의 뺄셈

$$5+4-6=3 \qquad 8-1-5=2$$

(5+4 → 9, 9−6 → 3) (8−1 → 7, 7−5 → 2)

세 수의 혼합 계산과 뺄셈식은 반드시 앞에서부터 차례로 두 수씩 계산해야 합니다.

몇십 몇과 몇십 몇의 합

$$\begin{array}{r} 25 \\ +\ 32 \\ \hline \end{array} \Rightarrow \begin{array}{r} 25 \\ +\ 32 \\ \hline 7 \end{array} \Rightarrow \begin{array}{r} 25 \\ +\ 32 \\ \hline 57 \end{array}$$

일의 자리는 일의 자리끼리 십의 자리는 십의 자리끼리 더합니다.

몇십 몇과 몇십 몇의 차

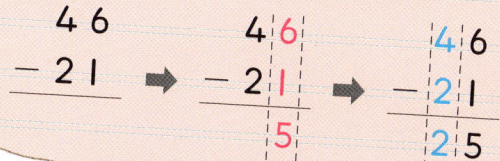

$$\begin{array}{r} 46 \\ -\,21 \\ \hline \end{array} \Rightarrow \begin{array}{r} 46 \\ -\,21 \\ \hline 5 \end{array} \Rightarrow \begin{array}{r} 46 \\ -\,21 \\ \hline 25 \end{array}$$

일의 자리는 일의 자리끼리 십의 자리는 십의 자리끼리 뺍니다.

덧셈식과 뺄셈식의 관계

$16+12=28 \Rightarrow \begin{cases} 28-12=16 \\ 28-16=12 \end{cases}$

$35-23=12 \Rightarrow \begin{cases} 12+23=35 \\ 23+12=35 \end{cases}$

덧셈식은 뺄셈식으로, 뺄셈식은 덧셈식으로 바꾸어 나타낼 수 있습니다.

39 몇 시

신데렐라의 집
신데렐라! 놀지 말고 일해.
네. 어머니.
무도회에 가려면 예쁘게 입고 가야지?
그럼요!
어쩌면 왕자님이 결혼해 달라고 할지도 몰라.
흑흑…, 나도 왕자님의 무도회에 가고 싶어.
내가 도와 줄까?
정말요?
변해라!
펑
펑
펑
너무 예뻐요!
짠~
반드시 12시가 되기 전에 집으로 돌아와야 해. 12시가 되면 원래 모습으로 돌아가니까 ….
저는 시계를 볼 줄 모르는데요.
긴 바늘이 12를 가리킬 때, 짧은 바늘이 가리키는 숫자를 읽어 몇 시라고 한단다.
……
긴 바늘이 12를 가리키고, 짧은 바늘이 3을 가리키면 3시, 5를 가리키면 5시야.
흠…, 잘 모르겠어요.
몇 시간 후…
지금은 몇 시야?
긴 바늘이랑 짧은 바늘이 12를 가리키니까…
아! 12시다.
펑!
펑
휴~! 시간 다 됐거든….
흑흑…, 무도회도 못 가고….

시계를 보고 몇 시 인지 알고, 나타내 보자.

긴 바늘은 12를, 짧은 바늘이 3을 가리키면 3시이다.

시계에는 1부터 12까지 모두 12개의 숫자가 있고, 짧은 바늘과 긴 바늘이 있어. 긴 바늘이 숫자 12를 가리킬 때 짧은 바늘이 가리키는 숫자에 '시'를 붙여 시각을 읽으면 돼. 오른쪽과 같이 짧은 바늘이 숫자 3을 가리키고, 긴 바늘이 숫자 12를 가리키면 3시라고 읽어.

왼쪽 만화에서 신데렐라의 시계를 봐. 12시까지 집으로 돌아와야 하는 신데렐라는 12시가 다되도록 출발을 못해서 무도회장에 도착하기도 전에 마법이 풀려버렸어. 12시는 특이하게도 긴 바늘과 짧은 바늘이 겹치지?

긴 바늘은 항상 숫자 12만 가리키냐고? 아니야, 다음 만화를 봐.

- 슈퍼스타 리나의 일기야. 일기를 보고, 리나가 일어난 시각을 □ 안에 알맞게 써 줘.

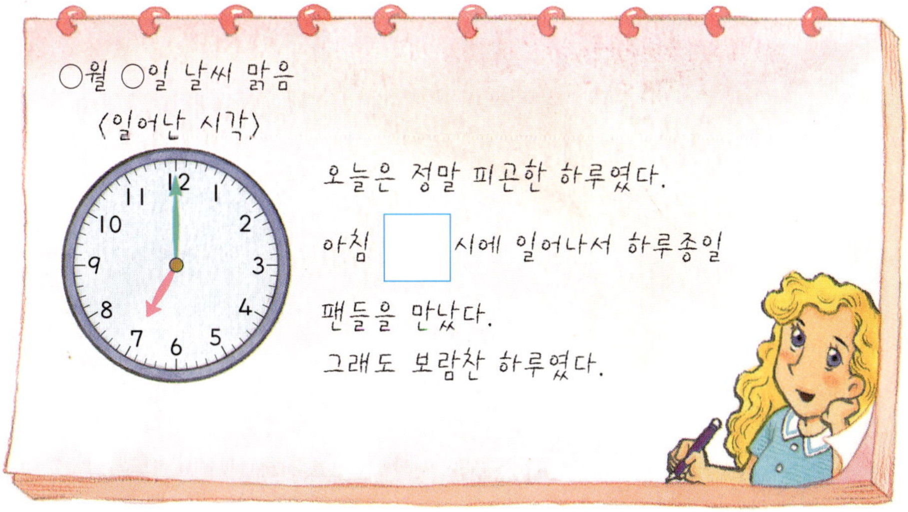

40 몇 시 30분

왕자님이 점심 파티에 초대하셨어.
1시 30분까지 왕궁으로 가야 해.
〈초대장〉 1시 30분까지 왕궁으로 초대합니다. – 왕자 –
랄랄라~
언니보다 예쁜 옷을 입고 가야지.
나도 파티에 가고 싶어. 요정님께 부탁해야지.
요정님!
호호호…
얍!
샤
방
예쁘게 변신시켜 주마. 마법 변신!
그런데 이 마법은 3시 30분이면 풀려.
3시 30분은 긴 바늘이 6을 가리키고, 짧은 바늘이 3과 4 사이를 가리키는 거지요?
그러니까 3시 30분 전에 집으로 꼭 돌아와야 해.
저 어여쁜 여인은 누구지? 같이 춤을 추자고 해야겠어.
웅성 – 웅성
요정님이 3시 30분 전에 오라고 했는데….
저… 왕자님, 지금 몇 시 몇 분이에요?
전 시계가 없습니다.
지금 몇 시 몇 분이에요?
몇 시 몇 분이죠?
시계가 없는데요.
저두요.
펑!
시계를 볼 줄 알면 뭐 하냐고….
누… 누구세요?
흑흑
흑

시계를 보고 몇 시 30분을 읽고, 나타내 보자.

긴 바늘이 6을 가리키면 30분이라고 읽는다.

시계의 긴 바늘은 숫자 6을 가리키고 있고, 짧은 바늘은 숫자 1과 2 사이에 있어. 긴 바늘이 숫자 6을 가리키면 30분이라고 읽어.
그리고 짧은 바늘은 1시에서 조금 더 갔기 때문에 숫자 1과 2 사이에 있는 거야. 이번에는 아래에 8시 30분을 그려 보았어. 어느 시계가 맞게 그려진 걸까?

(×)

(○)

오른쪽 시계가 맞게 그려진 거야. 긴 바늘이 숫자 6을 가리키면 짧은 바늘은 숫자와 숫자 사이를 가리켜야 해.

- 피노키오는 매일 아침 7시 30분에 일어나. 피노키오가 일어나는 시각에 알맞게 시계의 긴 바늘을 그려 넣어 줘.

풀어 보자

몇 시 알기

1 꽁이가 한 일을 보고, 꽁이의 일기의 □ 안에 알맞은 수를 써 줘.

> 일기를 보고, 꽁이가 한 일을 그림에서 찾아봐. 그럼 몇 시에 무슨 일을 했는지 알 수 있을거야.

나는 아침에 일어나서 □ 시에 항아리에 물을 채우고,
□ 시에 밭을 일궜다. 그런 후 □ 시에는
콩과 쌀을 구분했다. 정말 피곤한 하루였다.

몇 시 나타내기

2 문 시계에 7시를 바르게 나타내야 앨리스가 집에 돌아갈 수 있대.
앨리스가 집에 돌아갈 수 있도록 시계에 7시를 나타내 줘.

> 몇 시는 긴 바늘이 숫자 12를 가리키고, 짧은 바늘은 몇을 가리켜.

문 시계에 7시를
나타내는 사람만이 집에
돌아갈 수 있다!

8:30은 8시 30분을 말하는 거야.

몇 시 30분

3 로켓은 로켓에 적혀 있는 시각과 같은 시각을 나타내는 별로 발사된대. 로켓과 로켓이 발사될 별을 알맞게 줄로 이어 줘.

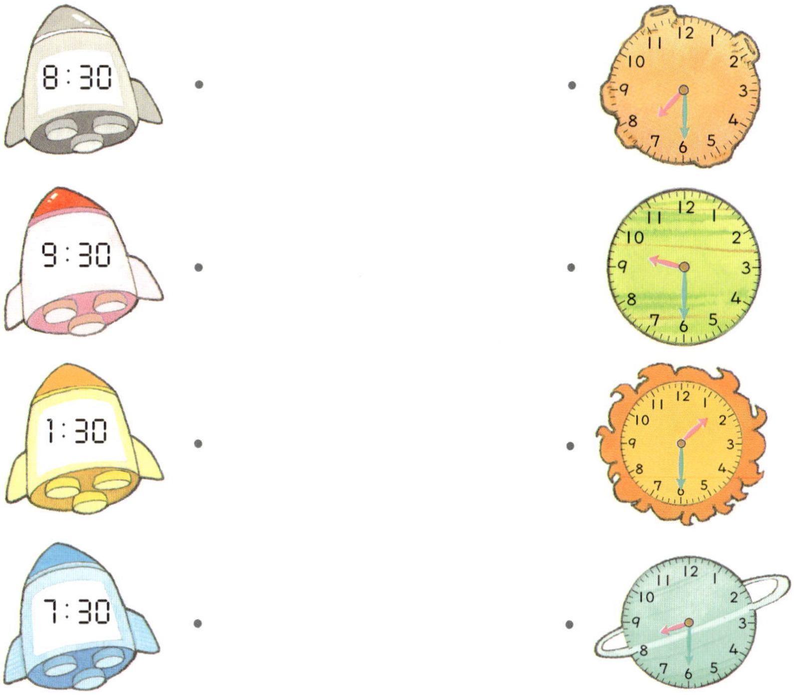

몇 시 30분 나타내기

4 텔레비전에서 뉴스가 막 시작했어. 뉴스가 시작한 시각에 알맞게 시계의 짧은 바늘을 그려 넣어 줘.

풀어 보자

몇 시 30분 나타내기

5 시계 나라 사람들의 옷에는 각자 태어난 시각을 나타낸 시계 그림이 그려져 있어. 시돌이와 시순이가 태어난 시각을 각자 옷에 나타내 줘.

난 4시 30분에 태어났어.
난 6시 30분에 태어났지.
시돌이
시순이

30분은 긴 바늘이 6을 가리킨다는 사실! 잊지 않았지?

시계 읽기

6 시계를 바르게 읽은 길을 따라가면, 곰이의 집을 알 수 있어. 곰이의 집을 찾아 ○표 해 줘.

길을 따라가며 주어진 시계의 시각을 차례로 읽어 봐.

시각 알기

7 돼지 삼형제는 알람 시계가 서로 자기 것이라고 우기고 있어. 돼지 삼형제의 대화를 보고, 알람 시계의 주인을 찾아 줘. (   )

긴 바늘이 12를 가리키고 있어.

시각 알기

8 아래 시계에서 긴 바늘이 한 바퀴를 돌면 공주가 집에 돌아가야 할 시각이야. 공주가 집에 돌아가야 할 시각은 몇 시 30분일까?

(   )시 (   )분

긴 바늘이 한 바퀴 돌면, 1시간이 지나는 거야.

정리해보자

몇 시

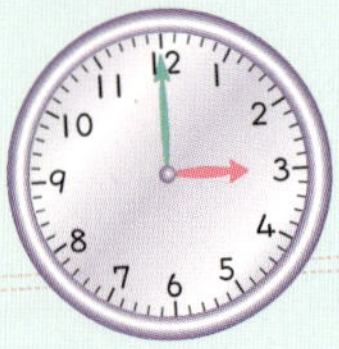

긴 바늘이 숫자 12를 가리키고, 짧은 바늘이 숫자 3을 가리키므로 3시입니다.

몇 시 30분

긴 바늘이 숫자 6을 가리키고, 짧은 바늘이 숫자 8과 9의 가운데를 가리키므로 8시 30분입니다.

시각 나타내기

• 몇 시

6시는 긴 바늘이 숫자 12를 가리키게 그리고, 짧은 바늘이 숫자 6을 가리키게 그립니다.

• 몇 시 30분

1시 30분은 긴 바늘이 숫자 6을 가리키게 그리고, 짧은 바늘이 숫자 1과 2의 가운데를 가리키게 그립니다.

41

두 수의 합이 10인 세 수의 덧셈

1학년 2학기 6단원

남극
훌륭한 펭귄이 되려면 사냥을 잘해야 한다.
네!
출발!
첨벙
첨벙
으~ 차가워서 못 들어가겠어.
새우 7마리를 잡았어요.
잘했다.
7마리
전 물고기 9마리를 잡았습니다.
훌륭하다!
9마리
넌 뭐하니?
잡았다! 게 1마리!
착
모두 몇 마리를 잡았지?
우린 먹을 줄만 알아서…, 더하기는 못하는데요.
새우 물고기 게
7 + 9 + 1 = ?
❶ + =10
❷ +10=17
둘이 합해서 10이 되는 것을 먼저 더해 봐.
아하! 17마리구나!
앗! 또 잡혔어요.
영차
잡아 당겨라!
크아악
으아악! 상어다.

일의 자리 수의 합이 10이 되면 받아올리는 덧셈을 알아보자.

4+7+6은 합이 10이 되는 4+6부터 계산한다.

펭귄 세 마리가 각각 7마리, 9마리, 1마리의 먹이를 잡아서 먹이의 전체 수를 구하기 위해 덧셈식을 만들었어. 7+9+1과 같이 말이야. 이럴 때에는 앞에서부터 두 수씩 차례로 더하면 돼. 하지만 더 쉬운 방법이 있어.

뒤의 두 수 9와 1을 먼저 더해 봐. 10이지? 다음에 남은 7을 더해. 7+10=17! 10에는 어떤 수를 더해도 쉽게 계산할 수 있어. 두 수를 모아 10을 만드는 연습을 한 이유를 조금은 알겠지?

이번에는 '4+7+6'을 계산해 봐. 4+7을 먼저 할까, 7+6을 먼저 할까? 더해서 10이 되는 두 수를 먼저 찾아보면, 4와 6이야. 4+6=10이니까 남은 7과 더하면 정답은 17이야.

- 덧셈 바람개비는 날개에 쓰인 수의 합을 빈 곳에 적으면 돌아간대. 바람개비가 돌 수 있도록 빈 곳에 알맞은 수를 써 줘.

42 받아올림이 있는 덧셈

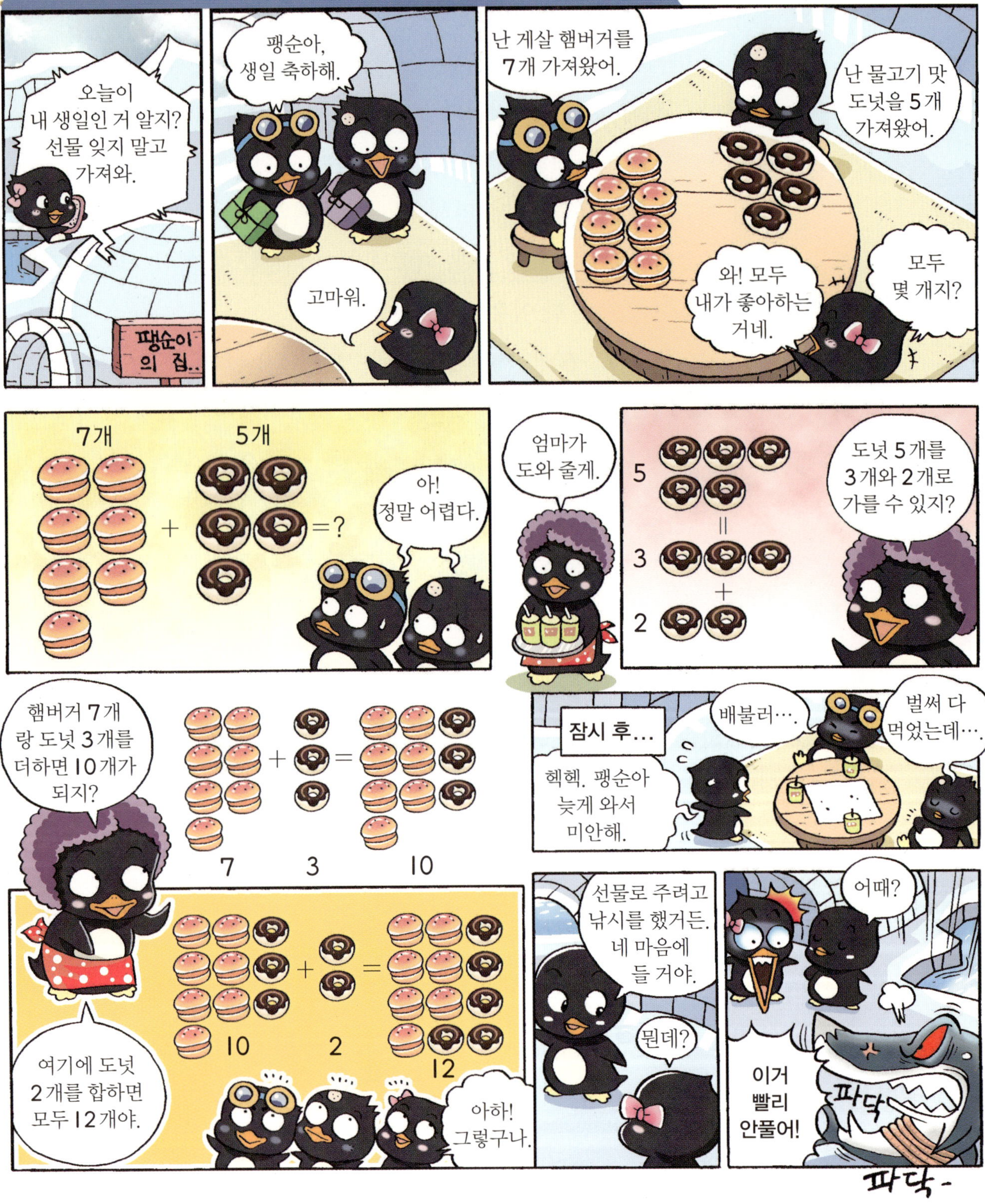

받아올림이 있는 덧셈을 계산해 보자.

7+5는 5를 3+2로 가르기하여 계산한다.

햄버거 7개와 도넛 5개를 더하면 모두 몇 개일까? 지금까지 계산한 문제들보다는 조금 어려운 느낌이 드네….

걱정 말고 우선 10을 만들어 봐. 7에 5를 더할 때 곧바로 5를 더하려고 하지 말고 5를 나누어 더해 봐.

그래서 5를 3과 2로 나누어 3을 먼저 더하면 10이고, 10에 남은 2를 더하면 12야.

7과 5는 모두 한 자리 수인데 덧셈을 하고 나니 12로 두 자리 수가 되었지? 이렇게 우리가 한 계산 방법이 바로 받아올림이라는 거야. 낱개끼리의 합이 10을 넘으니까 한 묶음이 생겼어.

● 앞으로괴물은 앞에서부터 덧셈을 하고, 뒤로괴물은 뒤에서부터 덧셈을 해. □ 안에 알맞은 수를 써 줘.

43 받아내림이 있는 뺄셈

1학년 2학기 6단원

받아내림이 있는 뺄셈을 계산해 보자.

14－6은 6을 4＋2로 가르기하여 계산한다.

15－8? 앞에서 한 대로 묶음의 수와 낱개의 수를 각각 빼 보자. 묶음의 수 1에서 0을 빼면 1, 낱개의 수 5에서 8을 빼면…? 어떻게 해야 하지? 왼쪽 만화에서 15개의 아이스 크림 중에서 8개를 '/'로 지워 봐. 남은 것의 개수를 세어 보니 7개야. 다른 방법도 알려 줄게. 8을 5와 3으로 갈라 봐. 그리고 15에서 먼저 5를 빼면 10이야. 10에서 남은 3을 빼면 7이야. 두 자리 수 15에서 한 자리 수 8을 빼었더니 한 자리 수 7이 나왔어. 묶음의 수 1을 낱개의 수 10으로 풀어서 계산한 이 방법을 받아내림이라고 해. 낱개의 수끼리 뺄 수가 없으니까 한 묶음을 풀어서 낱개의 수를 늘린 거지.

● 계란 14개 중 8개를 먹으면 몇 개가 남는지 맞혀야 해. 피노키오의 코가 짧아지게 □ 안에 알맞은 수를 써 줘.

먼저 10개에서 8개를 빼 보렴.
남은 계란에 낱개 4개를 더하면 된단다.
그럼 남은 계란은 14－8＝□(개)네.

풀어 보자

두 수의 합이 10인 세 수의 덧셈

1 꾀돌이가 숫자판을 세 칸의 합이 16이 되도록 4조각으로 자르려고 해. 어떻게 잘라야 하는지 선을 그어 줘.

두 수가 합이 10이 되는 경우를 먼저 찾아보면 쉬울 거야.

받아올림이 있는 두 수의 덧셈

2 대장 킹콩과 싸워 이겨야 공주를 구할 수 있어. 두 수의 합이 가장 큰 킹콩이 대장이야. 대장 킹콩을 찾아 ○표 해 줘.

두 수 중 한 수를 가르기 하여 더한 수가 먼저 10이 되게 만들어 줘.

받아올림이 있는 두 수의 덧셈

3 태권이는 각 단계별로 두 개의 벽돌 중 두 수의 합이 큰 벽돌만 깬대. 태권이가 깬 벽돌에 ╳표 해 줘.

단계별로 벽돌을 한 개씩 깨는 거야.
덧셈을 할 때는 두 수의 합이 10이 되도록 작은 수를 가르기 하면 편해.

받아내림이 있는 두 수의 뺄셈

4 카드에 적힌 식의 값이 다른 공주만 왕자와 결혼할 수 있대. 왕자와 결혼할 수 있는 공주는 누구일까? (　　　　　　)

누 가지 방법으로 받아내림이 있는 뺄셈을 해 봐.
예를 들어 12－6을 해 볼까?

① 12－6
12－2－4
10－4＝6

② 12－6
10 2
10－6＋2
4＋2＝6

받아올림이 있는 두 수의 덧셈

5 거북 아들과 아버지가 11년 만에 만났대. 거북이 등에 있는 무늬 수를 보고, 진짜 아들을 찾아 줘. (　　　　　　)

아들아! 너와 내 등에
있는 문양의 모양의 수를
합해서 11개가 되야
한단다.
❶
❷
❸

아버지 등 위에 있는 무늬 수를 먼저 세어 봐. 아들과 아버지의 무늬 수의 합이 11이 되려면 몇 개가 더 필요하지?

받아내림이 있는 두 수의 뺄셈

6 하롱이가 동생 다롱이를 소개하고 있어. 다롱이의 나이는 몇 살일까? (　　　　　　)살

저는 하롱이입니다.
나이는 14살이랍니다.
제 동생 다롱이는 저 보
다 6살이 적습니다.
저는 요리사가 꿈이고,
다롱이는 가수가 꿈입
니다.

하롱이　　　　　　다롱이

다롱이의 나이는 하롱이의 나이보다 6살이 적대. 그럼 하롱이의 나이에서 6을 빼면 다롱이의 나이를 알 수 있겠구나.

세 수의 덧셈

7 콩순이와 팥순이가 고리던지기놀이를 했어. 둘 중 누가 더 높은 점수를 얻었을까? (   )

노란색 고리가 걸린 점수끼리 더하면 콩순이의 점수를 알 수 있고, 분홍색 고리가 걸린 점수끼리 더하면 팥순이의 점수를 알 수 있어.

받아내림이 있는 두 수의 뺄셈

8 몸이 허약한 비실이가 건강해지려면 계산한 값이 10보다 작은 수들이 쓰여 있는 음식을 먹으면 된대. 먹어야 하는 음식에 ○표 해 줘.

각 음식이 담긴 접시에 쓰인 계산을 해 봐. 10보다 작은 수가 쓰인 음식은 총 3가지야. 무엇일까?

세 수의 뺄셈

9 숫자 나라의 놀이 기구는 앞에 쓰여 있는 식의 값과 같은 나이인 어린이만 탈 수 있대. 어린이가 탈 수 있는 놀이 기구를 찾아 줄로 이어 줘.

세 수의 뺄셈은 반드시 앞에서부터 계산해야 하는 걸 잊지 마.

더하기와 빼기

10 꽃잎에 쓰여 있는 식의 값은 모두 같아. □ 안에 알맞은 수를 써 넣어 줘.

7＋8과 12＋3을 계산하면 꽃잎 한 장의 값이 얼마인지 알 수 있어.

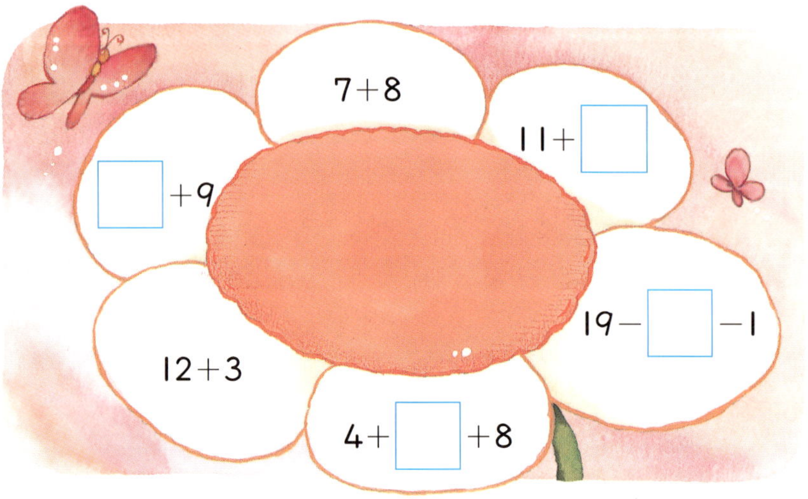

더하기와 빼기

11 야옹이의 윗니와 아랫니에 적힌 두 수의 합이 13이 되는 이는 썩은 이야. 썩은 이를 찾아 모두 색칠해 줘.

더해서 13이 되는 두 수는 어떤 수들이 있을까?
(1, 12), (2, 11),
(3, 10), (4, 9),
(5, 8), (6, 7)

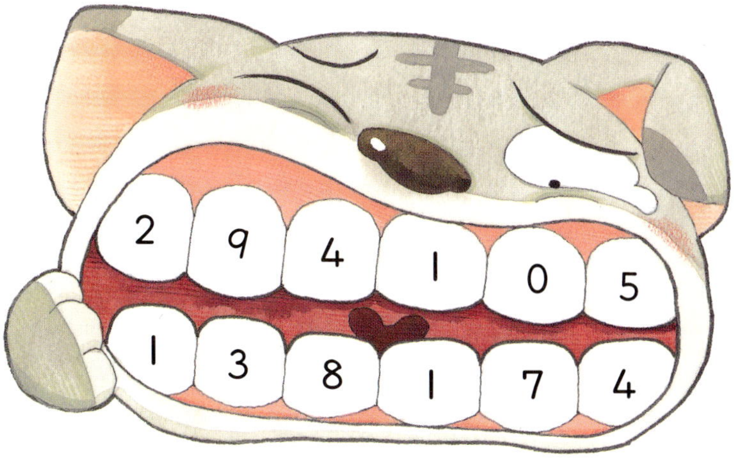

더하기와 빼기

12 사오정이 오공이네 집에 가려고 해. 집들이 나타내는 수 중 가장 작은 수의 집이 오공이네 집이래. 오공이네 집을 찾아 ○표 해 줘.

15−□=7,
□−9=4,
□+5=11,
6+□=13,
□−2=9 중 □ 안에 들어갈 수가 가장 작은 수를 찾으면 돼.

정리해보자

세 수 더하기

$$\underbrace{7+3}+5$$

$$10+5=15$$

세 수의 덧셈에서는 합이 10이 되는 두 수를 먼저 더한 다음 나머지 수를 더합니다.

덧셈

$$4+9$$

$$3+1+9$$

$$3+10=13$$

받아올림이 있는 두 수의 덧셈에서는 두 수의 합이 10이 되는 세 수의 덧셈으로 바꾸어 계산합니다.

뺄셈

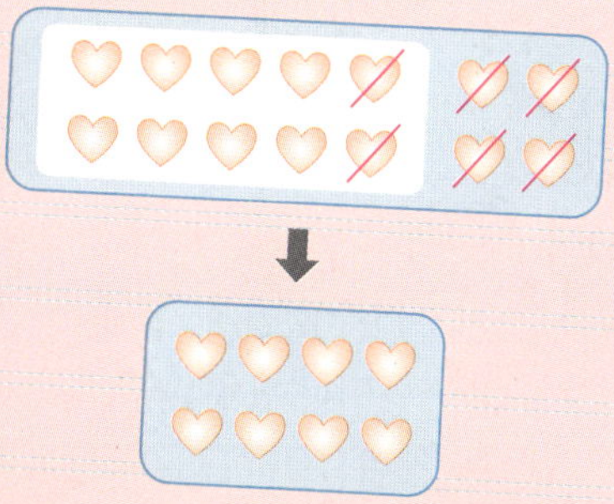

$14-6$

$14-4-2$

$10-2=8$

받아내림이 있는 두 수의 뺄셈은 빼는 수 또는 빼어지는 수를 두 수로 갈라 계산합니다.

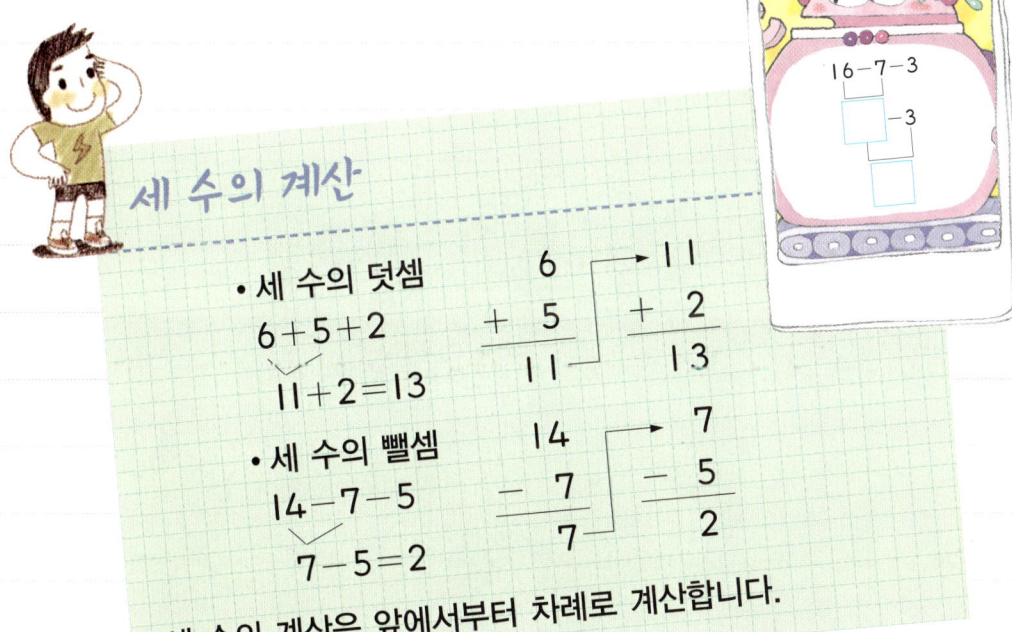

세 수의 계산

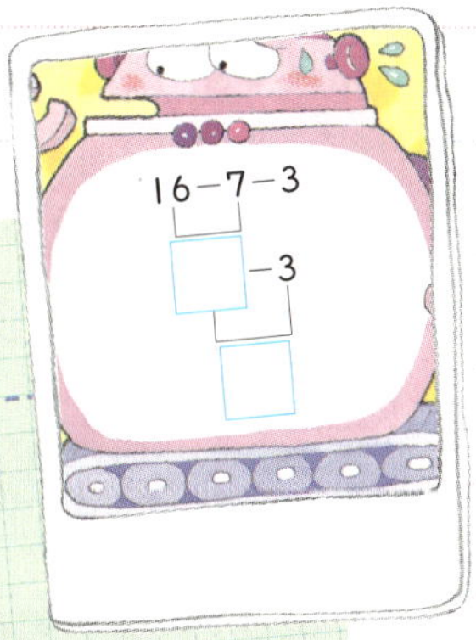

• 세 수의 덧셈

$6+5+2$

$11+2=13$

$$\begin{array}{r} 6 \\ +\ 5 \\ \hline 11 \end{array} \rightarrow \begin{array}{r} 11 \\ +\ 2 \\ \hline 13 \end{array}$$

• 세 수의 뺄셈

$14-7-5$

$7-5=2$

$$\begin{array}{r} 14 \\ -\ 7 \\ \hline 7 \end{array} \rightarrow \begin{array}{r} 7 \\ -\ 5 \\ \hline 2 \end{array}$$

세 수의 계산은 앞에서부터 차례로 계산합니다.

44 덧셈식 만들기

옛날…. 중국의 어느 작은 마을
와! 희한하게 생긴 램프네.
램프가 너무 더럽네. 새 것처럼 닦아야지.
박박
박박
펑!
흐억! 누구슈?
저는 어떤 소원이든 들어주는 램프의 요정입니다.
속고만 살았나?
정말? 어떤 소원이든 들어줘?
네! 말씀만 하십시오.
내가 지금 배가 좀 고프니까 먹을 것 좀 갖다 줘!
알겠습니다. 그 정도쯤 이야….
쌩-
샤샥
우와~! 모두 내가 좋아하는 거네.
그럼 전 이만….
후루룩
냠냠
스르르…
그래, 얼른 가 봐!
휴~ 더는 못 먹겠어….
대체 얼마나 먹은 거지?
퉁퉁
6그릇
5그릇
7그릇
6 + 5 + 7
11
18
더해 봐요.
18그릇이나 먹었네.
배달
음식값 받으러 왔는데요.
으악! 뭐야? 공짜 아니었어?
소원 들어준댔지 누가 공짜 랬냐?

상황을 나타낸 그림을 보고, 덧셈식을 만들어 보자.

상황을 그림으로 나타내고, 덧셈식을 만든다.

만화 주인공은 자장면 6그릇, 짬뽕 5그릇, 탕수육 7그릇을 모두 먹어치웠어. 자장면과 짬뽕은 모두 몇 개인지 알려면 두 수의 덧셈식을 세워야 해. 6+5=11이니까 자장면과 짬뽕은 모두 11그릇을 먹었구나. 또 짬뽕과 탕수육을 모두 몇 그릇 먹었는지 알기 위해서는 5+7=12로 12그릇임을 알 수 있어.

이번에는 세 가지 음식을 모두 몇 그릇 먹었는지 알기 위해 6+5+7=18의 식으로 구했어. 그렇다면 자장면과 볶음밥은 모두 몇 그릇 먹었는지 구할 수 있니? 구할 수 없어. 볶음밥은 먹지 않았으니까 말이야. 어떤 것의 모두를 구하라는 말이 나오면 무엇과 무엇을 더하는지를 먼저 봐. 그리고 '모두'라는 말에 주목하렴!

● 염소 선생님네 반 동물 학생들의 소풍 사진이야. 동물별로 수만큼 빈 곳에 ○를 그리고, □ 안에 알맞은 수를 써 줘.

□ + □ + □ = □ (마리)

(코끼리) (호랑이) (토끼)

45 뺄셈식 만들기

1학년 2학기 7단원

와
와
공주님 납시오~!
와…. 예쁘다.
두근
두근
저렇게 예쁜 사람은 처음 봐.
램프의 요정을 불러서 도와달라고 해야겠다.
싹
싹
부르셨습니까?
소원을 들어드리는 램프의 요정 등장이요!
펑
공주랑 결혼하고 싶어!
보물 상자를 드리겠습니다. 왕께 선물하시면서 공주와 결혼하고 싶다고 말씀하십시오.
야~! 정말 좋은 생각이야.
보물 10상자입니다.
펑!
그리고 보물을 들고 궁궐로 갈 노예 5명입니다.
저는 그럼 바빠서….
보물 상자가 노예보다 많은 것 같은데….
몇 상자나 많은 거지?
보물 상자 앞에 한 명씩 서 봐.
노예보다 몇 상자 더 많은거지?
10 — 5 = 5
헉!…. 보물 상자가 5상자나 더 많네….
우릴 보고 이걸 다 들으라는 거야?
흑흑…. 내 잘못이 아니야~!

상황을 나타낸 그림을 보고, 뺄셈식을 만들어 보자.

상황을 그림으로 나타내고, 뺄셈식을 만든다.

보물 상자의 수와 노예의 수 중 더 큰 수에서 작은 수를 빼면 무엇이 얼마나 더 많은지 알 수 있지. 보물 상자가 10으로 노예의 수 5보다 크니까 10에서 5를 빼는 식을 만든 거야. 10－5＝5로 보물 상자가 5개 더 많구나.

이렇게 남은 개수를 구하거나, 몇 개 더 많은지 알아보는 문제는 뺄셈식으로 나타낼 수 있어. 예를 들어 나와 동생이 모아 놓은 우표의 수를 이용하여 누가 더 많이 모았는지 알고 싶을 때, 냉장고의 사과 중에 몇 개를 꺼내어 먹었을 때 남아 있는 수를 알고 싶을 때, 붕어빵을 만들다가 몇 개를 태우고 몇 개를 잘 구웠는지 알고 싶을 때 등 우리 상황에서 뺄셈식은 아주 유용하게 사용되고 있어.

● 꽃 12송이를 꽃병 8개에 한 송이씩 꽂으려고 해. 꽃과 꽃병을 차례로 하나씩 줄로 잇고, 꽃이 꽃병보다 몇 송이 더 많은지 □ 안에 알맞은 수를 써 줘.

□ － □ ＝ □ (송이)

(꽃의 수) (꽃병 수)

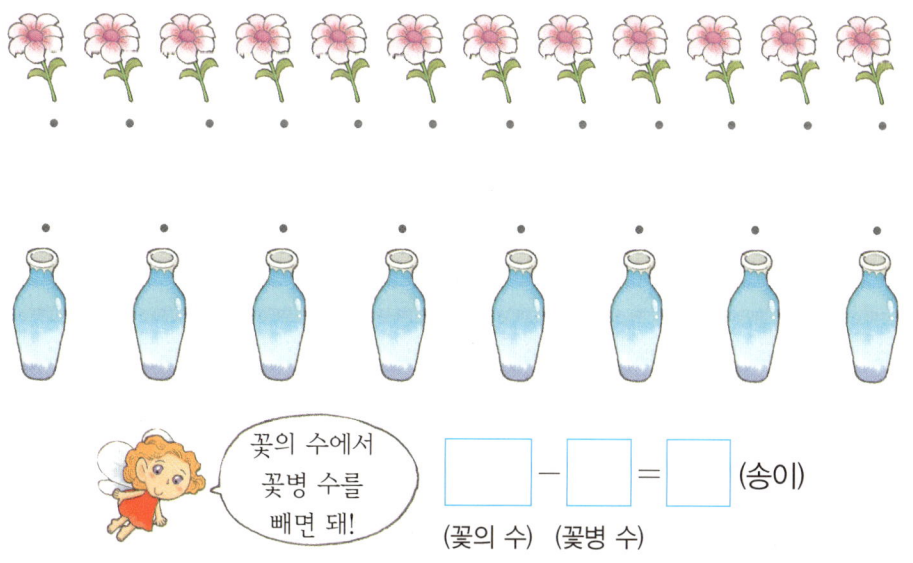

46 □가 있는 덧셈식 만들기

1학년 2학기 7단원

으흐~ 드디어 요술램프가 내 손에 …
나쁜 마법사
신난다.
어서 나와라~!
쓱쓱
펑!
부르셨…?
어라? 못 보던 분이 시네용?
흐흐흐흐~ 오늘부터 내가 너의 주인이다.
….
세상에서 제일 큰 보석을 가져와라!
아무래도 나쁜 사람 같은데….
여기 있슈~! 이 손 안에 보석이 몇 개인지 알아 맞히면 다 줄게요.
흠….
보석은 모두 9개 입니다. 왼손에 5개 있으니까
오른손에 몇 개가 있을까요?
홱
1개? 2개? 3개?… 대체 몇 개냐고~
끙~
이렇게 하면 되지요!
탁
5 + □ = 9
아! 4개구나!
시간 지났슈~! 보석은 없슈~!
슈르르
휘릭!
저건 요정이 아니라 마귀야….
흑흑…

상황을 보고, □가 있는 덧셈식을 만들어 보자.

모르는 수를 □로 두고, 덧셈식을 세운다.

요술램프에서 나온 요술사가 보석을 양 손에 나누어 쥐었어. 왼손에 5개와 오른손에 몇 개를 모으면 9개야. 오른손에 몇 개를 쥐고 있는지 모르는 상태에서도 덧셈식을 세울 수 있어. 모르는 수를 □로 두고 식을 세워 봐.

5+□=9와 같은 덧셈식이 만들어져. 5에 4가 더 있어야 9가 되므로 □의 값은 4인 것을 알 수 있어.

다음 네로의 이야기를 봐. 네로는 작년과 올해의 강아지 사진을 찍어 두었어. 강아지의 수가 4마리에서 8마리가 되었어. 몇 마리가 더 늘어났을까? 네로는 4+□=8의 식의 세워 □=4임을 알아냈어.

작년

올해

● 후크는 금화 15개를 파란색 상자에 6개, 노란색 상자에 몇 개 넣었어. 노란색 상자에 넣은 금화의 수를 □가 있는 식을 만들어 알아봐.

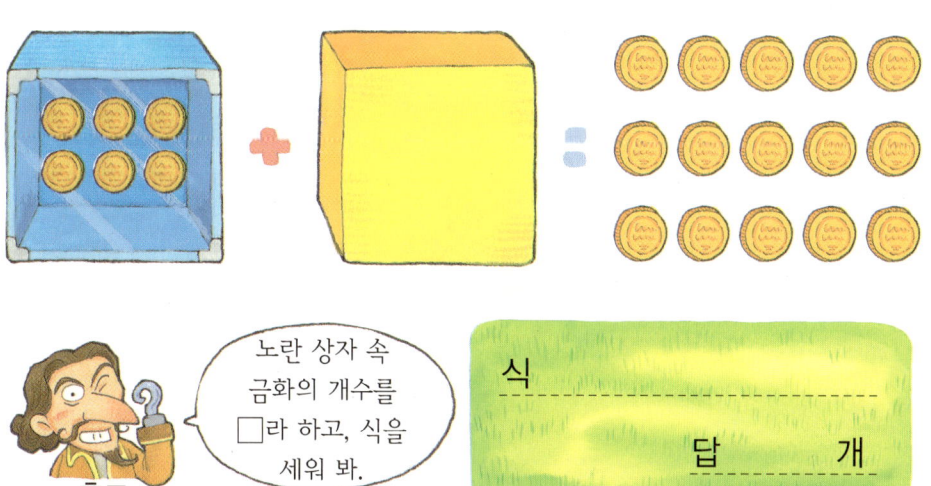

노란 상자 속 금화의 개수를 □라 하고, 식을 세워 봐.

후크

식 ________________

답 ________ 개

47 □가 있는 뺄셈식 만들기

1학년 2학기 7단원

으흐흐~ 맛있는 피자! 8조각으로 잘라서 먹어야지.
샥 샥 샥 샥
앗! 갑자기 배가 아프네….
화장실 좀 갔다 와야지.
쏴아
킁킁~~ 어디서 이렇게 맛있는 냄새가 나지?
호오! 맛있다.
아구 아구
이제 먹어 볼까?
오잉~? 3조각밖에 안 남았잖아.
네가 먹었지? 도대체 몇 조각이나 먹은거야?
흔들 흔들…
−(먹은 피자 수)=
8 − □ = 3
5조각밖에 안 먹었는데요.
덜덜덜
5조각밖에?
에잇! 버려야지.
슝
통 통
앗! 찾았다. 요술램프!
주인님, 보고 싶었어요.

상황을 보고, □가 있는 뺄셈식을 만들어 보자.

모르는 수를 □로 두고, 뺄셈식을 세운다.

가장 먼저 모르는 수가 무엇인지 알아야 해. 그래서 모르는 수를 □로 나타내는 식을 만드는 거야. 처음 피자 조각의 수는 8개로 알고 있고, 램프의 요술사가 먹은 조각의 수를 몰라. 요술사가 먹고 남은 피자 조각의 수는 3으로 알고 있어. 처음 피자 조각의 수 8에서 남은 피자 조각의 수가 3으로 줄었으니 뺄셈식을 만들 수 있겠지? 요술사가 먹은 피자 조각의 수를 모르니까 이것을 □로 두고 식을 세우면 8－□＝3이 돼.

또 다음과 같은 경우에도 뺄셈식을 세울 수 있어.

사탕 몇 개 중에서 4개를 먹었더니 2개가 남았어. 그러면 처음에 사탕이 몇 개 있었는지 모르니까 □로 두고 뺄셈식을 세우면 □－4＝2와 같이 쓸 수 있다는 말씀!

● 친구들이 비석 맞히기 놀이를 하고 있어. 비석 8개가 세워져 있었는데 3개만 남았네. 맞힌 비석 수를 □로 하여 뺄셈식으로 바르게 나타낸 것을 찾아 ○표 해 줘.

□－3＝5	8－□＝5	8－□＝3
(　　　)	(　　　)	(　　　)

풀어 보자

덧셈식 만들기

1 손오공, 사오정, 저팔계가 비눗방울을 만들었어. 셋이 만든 비눗방울이 모두 몇 개인지 식을 만들어 줘.

셋이 만든 비눗방울 수를 묻는 문제이니까 세 수의 덧셈식을 만들면 되겠지?

식 ______________________

덧셈식 만들기

2 동화 속 친구들이 놀이동산에 갔어. 놀이 기구를 타는 친구들이 모두 몇 명인지 식을 만들어 줘.

바이킹, 회전목마, 자이로드롭을 타는 친구들의 수를 차례로 더하면 돼.

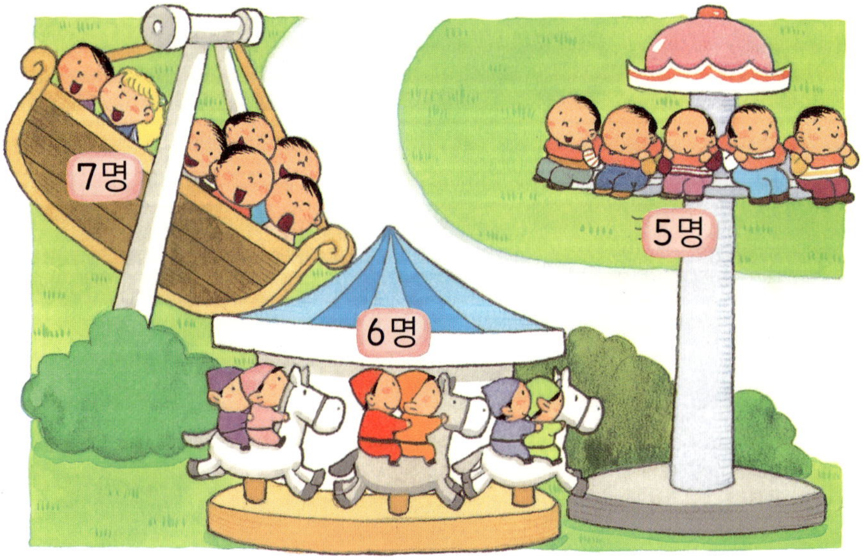

식 ______________________

빼셈식 만들기

3 꿀돌이와 꿀순이는 가위바위보를 해서 이긴 횟수만큼 피자를 먹기로 했어. 꿀돌이가 꿀순이보다 피자를 몇 조각 더 많이 먹었는지 식을 만들어 줘.

누가 몇 조각 더 많이 먹었는지 알아보는 것이므로 빼셈식으로 나타내면 돼.

식 ______________________

빼셈식 만들기

4 뽑기 기계에 산타 인형과 루돌프 인형이 있어. 산타 인형은 루돌프 인형보다 몇 개 더 많은지 식을 만들어 줘.

산타 인형은 11개, 루돌프 인형은 8개 있어. 그럼 산타 인형이 루돌프 인형보다 몇 개 더 많은지 빼셈식으로 나타낼 수 있지?

식 ______________________

□가 있는 덧셈식 만들기

5 동화책을 읽고, 나무꾼들이 더 빠트린 도끼가 몇 개인지 □ 안에 알맞은 수를 써 줘.

연못 속에 도끼가 5개 빠져 있어요.
그런데 나무꾼들이 도끼 몇 개를 더 빠뜨려서 연못 속에 도끼가 11개가 되었어요.

5+□=11

덧셈식과 뺄셈식의 관계를 생각해 봐.

■+▲=●

➡ ●−▲=■, ●−■=▲

모르는 수를 구할 때는 덧셈식과 뺄셈식의 관계를 이용하면 돼.

□가 있는 덧셈식 만들기

6 어항 속 늘어난 물고기의 수를 식으로 바르게 나타낸 개구리 왕자만 사람이 될 수 있대. 사람이 될 수 있는 개구리 왕자를 찾아 ○표 해 줘.

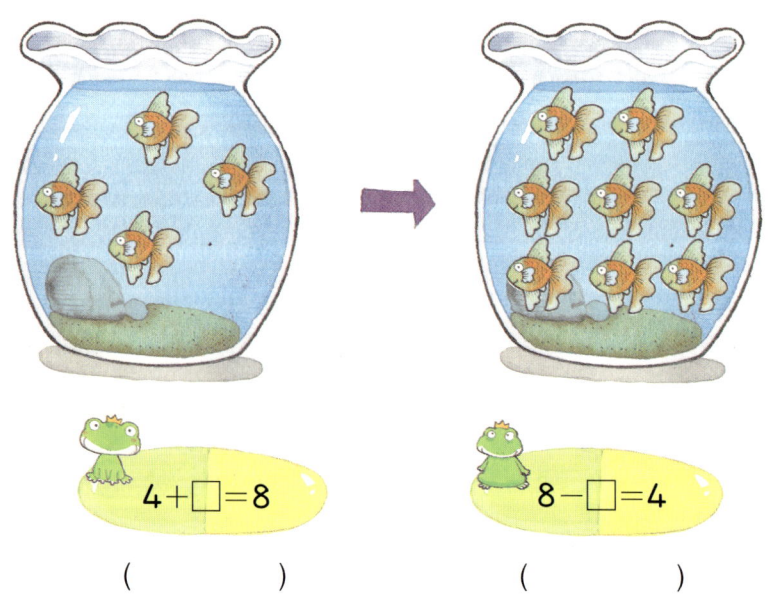

늘어난 물고기의 수를 □로 하여 덧셈식으로 나타내야 해.

4+□=8 ( )

8−□=4 ( )

□가 있는 뺄셈식 만들기

7 물고기 15마리 중 몇 마리가 바위 뒤에 숨어서 8마리만 보여. 숨어 있는 물고기가 몇 마리인지 관리자 해마의 공책에 □를 사용하여 식을 만들어 줘.

숨은 물고기의 수를 □로 하여 뺄셈식을 세워 봐.

□가 있는 뺄셈식 만들기

8 공주들이 10칸짜리 계단을 몇 칸씩 내려왔어. 공주들이 내려온 계단 칸 수에 알맞은 식을 들고 있는 왕자와 줄로 잇고, □ 안에 알맞은 수를 써 줘.

공주들이 내려온 계단의 칸 수를 □로 하여 뺄셈식으로 나타내는 문제야. 덧셈식과 뺄셈식의 관계를 이용하여 □의 값을 구하면 돼.

덧셈식과 뺄셈식 만들기

9 앨리스는 괴물들의 질문에 맞게 답하면, 집에 갈 수 있어. 앨리스가 집에 갈 수 있도록 알맞게 답해 줘.

사과, 배, 포도가 모두 몇 개인지 식으로 나타내어 푯말에 적어!
사탕 8개 중 몇 개를 먹었더니 5개가 남았어. 식으로 바르게 나타낸 사탕에 ○표 해!
8+5=□ ( )
8−□=5 ( )
5+□=8 ( )
아래 전봇대에 써 있는 식을 보고, □ 안에 알맞은 수를 쓰면 통과!
12− □ =5
참새 □ 마리가 있었는데 몇 마리가 날아가서 □ 마리가 남았어.

첫째 번 괴물의 질문은 세 수의 덧셈식을 만드는 문제야.
둘째 번 괴물의 질문은 □가 있는 식을 바르게 나타낸 것 찾기, 셋째 번 괴물의 질문은 □가 있는 식을 보고 문제를 만들기야.
□가 있는 식을 만들 때, 모르는 수를 □로 나타내는 것에 주의하면 돼.

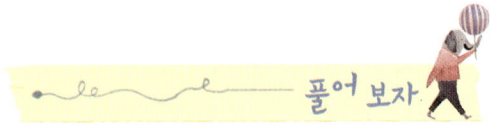

실제로 해 보고 문제 풀기

10 비밀 문서를 열려면 세 가지 글자 카드를 가지고 만들 수 있는 모든 글자를 입력해야 해. 글자를 완성하여 컴퓨터에 써 줘.

자음이 2개, 모음이 1개야. 받침이 있는 글자 2개, 받침이 없는 글자 2개를 만들 수 있겠네. 직접 써서 조합해 봐.

그림 그려 문제 풀기

11 스님이 남긴 글을 읽고, 오공이와 저팔계가 시키는 대로 바구니에 복숭아를 그려 넣은 다음 빈 칸에 알맞은 수를 써 줘.

이미 딴 5개의 복숭아를 먼저 바구니 속에 그려 넣고, 12개가 될 때까지 더 그려 넣으면 돼.

덧셈식을 만들어 문제 해결하기

공원에 비둘기가 7마리 있었는데 5마리가 더 날아왔습니다. 공원에 있는 비둘기는 모두 몇 마리입니까?

공원에 있는 비둘기는 모두 $7+5=12$(마리)입니다.

뺄셈식을 만들어 문제 해결하기

은정이는 연필 15자루를 가지고 있었는데 동생에게 6자루를 주었습니다. 은정이가 가지고 있는 연필은 몇 자루입니까?

은정이가 가지고 있는 연필은 $15-6=9$(자루)입니다.

□가 있는 덧셈식 만들기

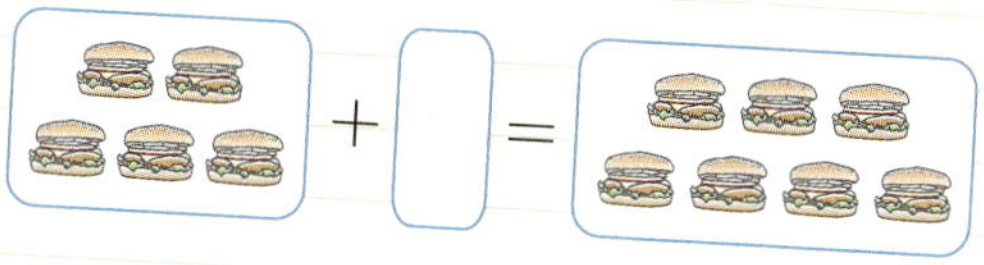

모르는 수를 □로 하여 덧셈식으로 나타내면 5+□=7입니다.

➡ 5+□=7, 7−5=□, □=2

□가 있는 뺄셈식 만들기

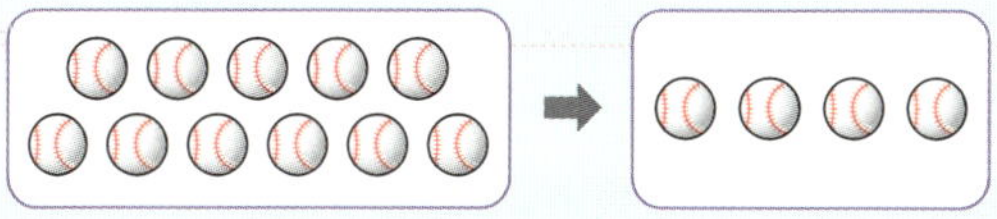

모르는 수를 □로 하여 뺄셈식으로 나타내면 11−□=4입니다.

➡ 11−□=4, 4+□=11, 11−4=□, □=7

미리미리 개념수학 1학년

정답 및 해설

1단원

개념 1 1, 2, 3, 4, 5 — 7쪽

해설▶ 개수를 셀 때에는 하나, 둘, 셋, 넷, 다섯으로 읽고, 1, 2, 3, 4, 5의 숫자로 나타냅니다.

개념 2 수의 순서 — 9쪽

둘째, 넷째

해설▶ 첫째 다음은 둘째, 셋째 다음은 넷째입니다.

개념 3 두 수의 크기 비교 — 11쪽

4, 3, 흥부

해설▶ 흥부네 집에는 놀부네 집보다 박이 한 개 더 많습니다.

풀어 보자 — 12~15쪽

1 사오정아! 손오공이 너를 사랑한대~~~

2 둘째

3

, 4

4 2, 3

5 사과 2개, 바나나 3개

포도 4개, 귤 1개

귤, 포도

6 2, 0, 4

7 온달

8 돌쇠

해설▶ 5는 3보다 크므로 돌쇠가 이겼습니다.

2단원

개념 4 6, 7, 8, 9 — 19쪽

(6), 7, 8, 9　　　6, (7), 8, 9

개념 5 수의 순서 — 21쪽

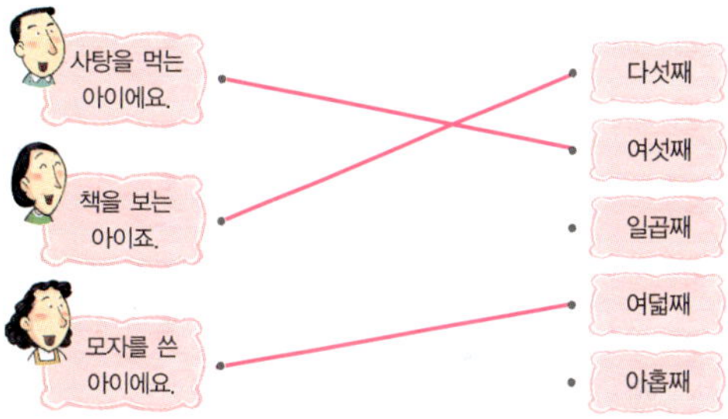

풀어 보자 — 22~25쪽

1

2

, 7

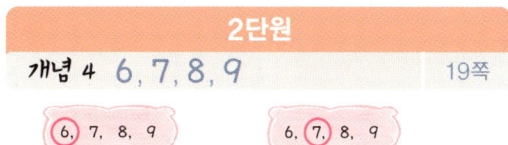

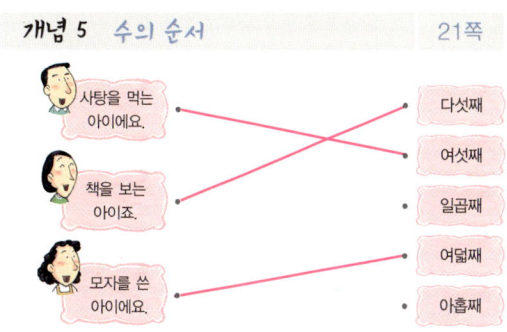

3 889－9756

4 

5 

6 미정

해설▶ 6, 9, 7 중에서 가장 큰 수는 9이므로 가장 큰 번호의 채널을 보고 있는 아이는 미정입니다.

7 솔이

8 5

3단원

개념 6 여러 가지 모양 알기 29쪽

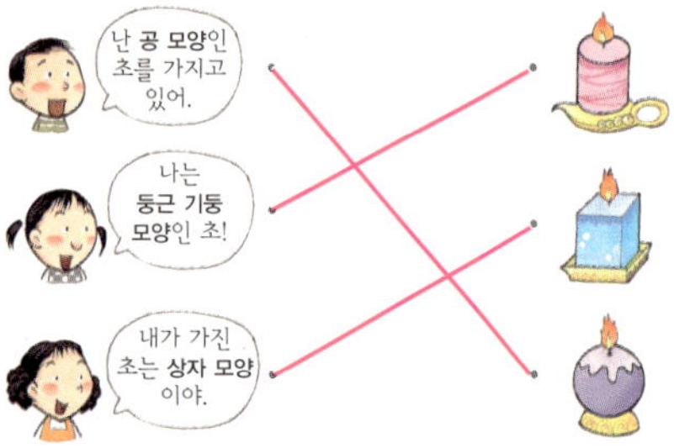

개념 7 여러 가지 모양 만들기 31쪽

❶

해설▶ ❷ 공 모양 1개, 상자 모양 2개, 둥근 기둥 모양 6개

❸ 공 모양 1개, 상자 모양 4개, 둥근 기둥 모양 4개

개념 8 규칙 찾기 33쪽

풀어 보자 34~37쪽

1 

2 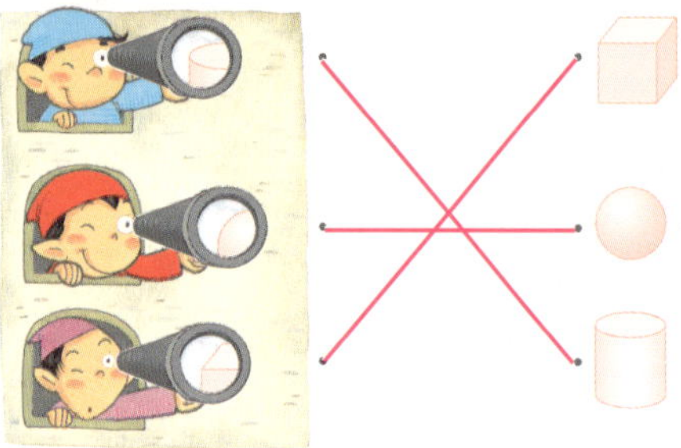

3 공, 상자

4 로봇

해설▶ 상자 모양을 로봇에는 4개, 탱크에는 3개 사용했습니다.

5 공 모양 : ⓔ 마법의 구슬

둥근 기둥 모양 : ⓔ 물통

상자 모양 : ⓔ 탁자

6  에 ○표

7 ❸

해설▶ 초록색 상자 모양, 빨간색 둥근 기둥 모양, 파란색 상자 모양이 되풀이되는 규칙입니다.

8 ❸

4단원

개념 9 두 수로 가르기 41쪽

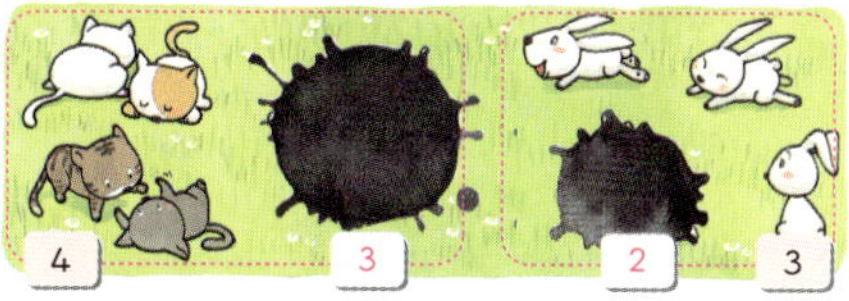

개념 10 두 수를 모으기 43쪽

4, 2, 6

해설▶ 4명과 2명을 모으면 모두 6명이 됩니다.

개념 11 덧셈, 덧셈식 45쪽

1, 3

개념 12 뺄셈, 뺄셈식 47쪽

1, 2, 3

개념 13 덧셈식과 뺄셈식의 관계 49쪽

둘이 만든 비눗방울 수

3 + 4 = 7

아롱이가 만든 비눗방울 수

7 − 3 = 4

다롱이가 만든 비눗방울 수

7 − 4 = 3

개념 14 두 수를 바꾸어 더하기 51쪽

풀어 보자 52~57쪽

1 2

해설▶ 5명은 3명과 2명으로 가를 수 있습니다.

2 (1) (2)

3 4

해설▶ 9개는 5개와 4개로 가를 수 있습니다.

4

5 4, 2, 6

6

2−1	3−1	4−1	5−1	6−1	7−1	8−1	9−1
	3−2	4−2	5−2	6−2	7−2	8−2	9−2
		4−3	5−3	6−3	7−3	8−3	9−3
			5−4	6−4	7−4	8−4	9−4
				6−5	7−5	8−5	9−5
					7−6	8−6	9−6
						8−7	9−7
							9−8

7 4, 1

8 6, 3

6, 3, 3

9

10 5−2=3 7−2=5 7−3=4 7−5=2 5+2=7

11 원숭이, 말

해설▶ 코알라 : $4+5=9$

원숭이 : $2+6=8$

말 : $6+2=8$

호랑이 : $3+6=9$

5단원

개념 15 길이의 비교	61쪽

와! 네 코는 내 코보다 더 (길다).
어… 네 코는 내 코보다 더 (짧다).

개념 16 높이와 키의 비교	63쪽

막둥이

개념 17 무게의 비교	65쪽

❸

개념 18 넓이의 비교	67쪽

아울이, 몽이

개념 19 들이의 비교	69쪽

코끼리

풀어 보자	70~73쪽

1 별님

2

3 ❸

4 종호

5 ❶, ❹

해설▶ ❶ 수박은 딸기보다 무겁습니다.

❹ 바위는 풍선보다 무겁습니다.

6 성호

7 ❶

8 루디

해설▶ 주디의 컵의 주스가 가장 적습니다.

6단원

개념 20 19까지의 수	77쪽

어느 케이크를 가져다 주지?
난 열살이니까 초가 10개.
난 열세살이니까 초가 10개랑 3개.
그럼, 난 초가 10개랑 8개겠지?
18
13
10

개념 21 몇십 몇 79쪽

24

개념 22 50까지의 수의 순서 81쪽

개념 23 한 가지 기준으로 조사하기 83쪽

티셔츠, 양말, 바지, 치마

개념 24 한 가지 기준으로 조사하여 세기 85쪽

동물 수	2마리	3마리	4마리
사진 수	3장	1장	2장

풀어 보자 86~91쪽

1

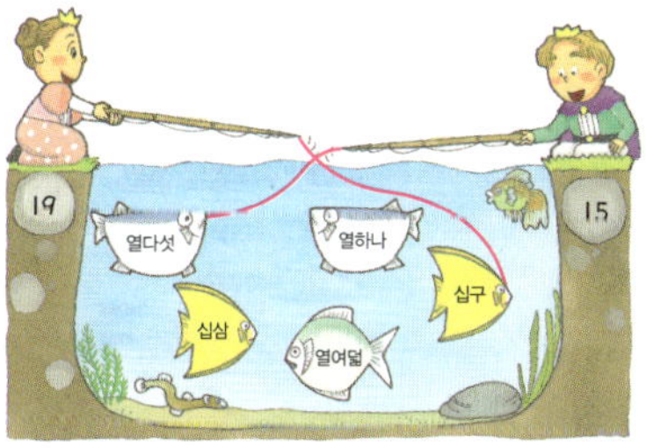

2 21에 ○표

3 35

4

5

6

7 횡단보도, 낙석도로, 어린이보호

8

1, 3, 5, 8, 11

9 다람쥐

해설▶ 다람쥐는 나무 사이에 있는 다람쥐까지 모두 4마리입니다.

10

색깔	빨간색	파란색	노란색	초록색	흰색
개수	1개	3개	3개	2개	4개

11 (1) ❷

(2)

가사	올챙이	꼬물꼬물	팔딱팔딱	개구리
횟수	2번	4번	2번	2번

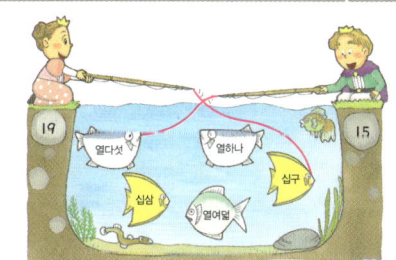

1단원

개념 25 몇십 97쪽

(1) 80, 여든

(2) 60, 육십, 예순

개념 26 몇십 몇 99쪽

63

개념 27 100까지의 수의 순서 101쪽

98, 99, 100

개념 28 두 수의 크기 비교 103쪽

(1) 4 (2) 90

풀어 보자 104~109쪽

1 (1) 60, 60

(2) 70, 70, 칠십, 일흔

2 80

3 팔십아홉, 팔십구

아흔팔, 구십팔

4

5 54

6

7

8

9

10 준이

11

12 (　　) (○) (　　)

해설▶ 오른쪽으로 갈수록 4씩 커지는 규칙이므로 첫째 번 집의 번지 수는 86, 둘째 번 집의 번지 수는 90, 셋째 번 집의 번지 수는 94입니다.
따라서 번지 수의 각 자리의 숫자의 합이 9인 집은 둘째 번 집입니다.

2단원

개념 29 여러 가지 모양 알기 113쪽

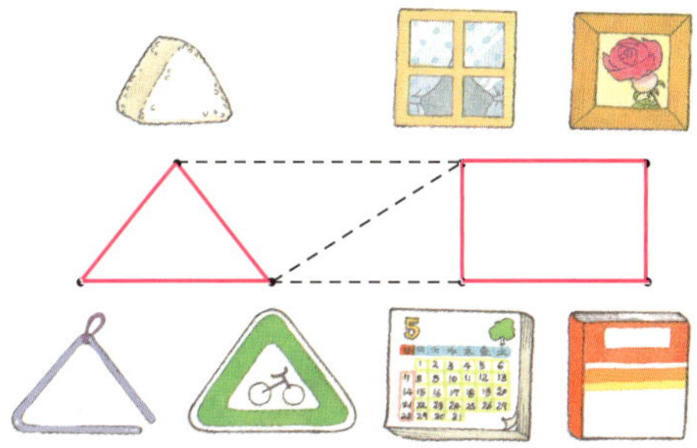

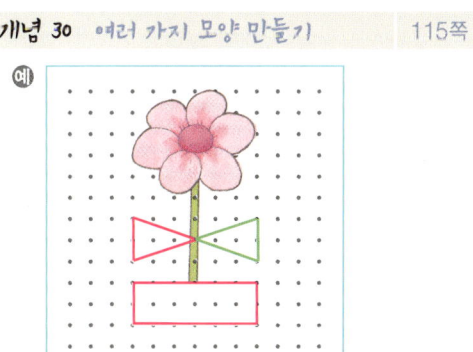

줄을 이어 주면 왼쪽에는 (세모, 네모) 모양이 생기고, 오른쪽에는 (세모, 네모) 모양이 생겨.

해설▶ 3개의 곧은 선으로 이루어진 모양은 세모 모양이고, 4개의 곧은 선으로 이루어진 모양은 네모 모양입니다.

개념 30 여러 가지 모양 만들기 115쪽

예

개념 31 규칙 찾기 117쪽

()

해설▶ 동그라미 모양 과자와 네모 모양 과자가 되풀이되는 규칙입니다.

풀어 보자 118~121쪽

1

2 ❷

해설▶ 동그라미 모양의 창문에서 사다리를 타고 내려오면 ❷가 나옵니다.

3 1, 1, 3

4 5

5 네모

해설▶ 네모 모양 15개, 세모 모양 11개, 동그라미 모양 9개를 그렸습니다.

6 ❷

7

해설▶ 시계 방향으로 움직이면서 색칠된 규칙입니다.

8 

3단원

개념 32 10을 두 수로 가르기 125쪽

해설▶ 10은 3과 7, 4와 6으로 가를 수 있습니다.

개념 33 두 수를 10이 되게 모으기 127쪽

7, 3

해설▶ 모아서 10이 되는 수를 알아봅니다.

개념 34 10이 되는 더하기 129쪽

7, 3, 7

개념 35 10에서 빼기 131쪽

6, 4, 4

풀어 보자 132~137쪽

1 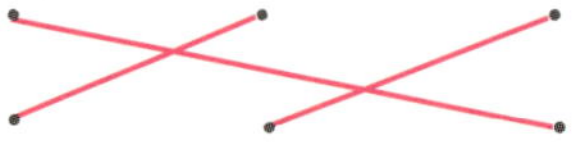

2 

3 

4 5, 5, 10

5 

6 7, 4, 4, 3, 1

7 ❶ 4 ❷ 5

8 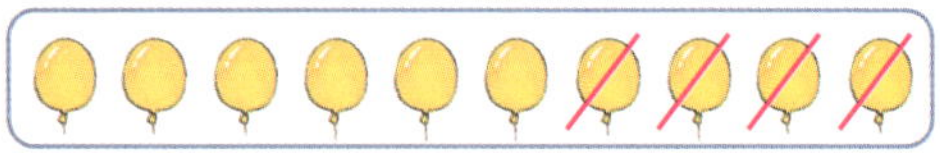

4

9 7, 7

10 4

해설▶ 4+5=9, 5+5=10, 6+4=10, 7+3=10, 2+7=9, 8+1=9, 9+1=10

11 9

해설▶ 코코아 : 4, 케익 : 6, 사탕 : 9

12 저 나무에 열쇠가 있어요

해설▶ ①=0, ②=2, ③=4, ④=1, ⑤=10, ⑥=3, ⑦=9, ⑧=8, ⑨=5, ⑩=7

4단원

개념 36 세 수의 계산 141쪽

4, 3, 4

개념 37 (몇십 몇)+(몇십 몇) 143쪽

5, 6, 5

개념 38 (몇십 몇)−(몇십 몇) 145쪽

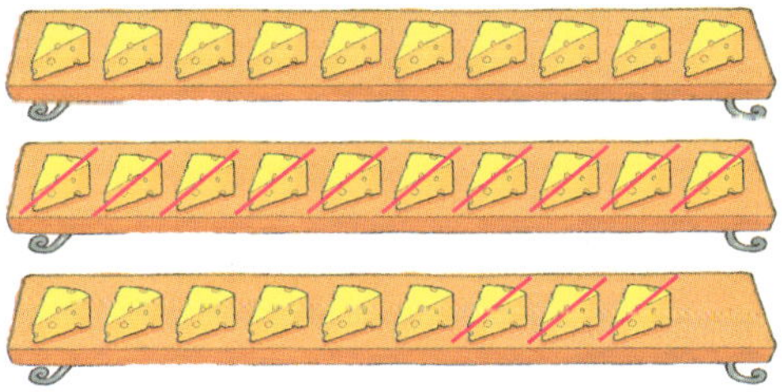

16

풀어 보자 146~151쪽

1 10

해설▶ 2+3+5=5+5=10(개)

2 8+7−3=12

3 어흥이

해설▶ 껑충이 : 40+9=49(번)
어흥이 : 60+2=62(번)
펄쩍이 : 50+9=59(번)

4 27, 38

5 57, 85, 99

해설▶  : 32+25=57

 : 42+43=85

 : 76+23=99

6 꿀꿀이

7 21번 버스에 ○표

8 30, 40

9 76−44=32, 76−32=44

10 산신령

해설▶ 혹부리 영감 : 95−22=73(살)
산신령 : 3+82=85(살)
용왕 : 48+20=68(살)

11

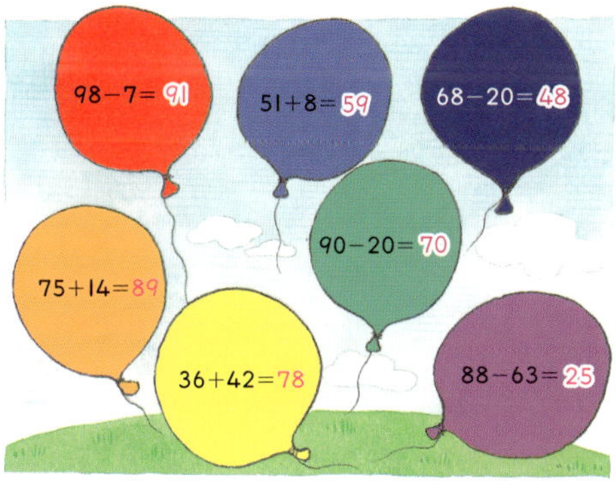

12 늑돌이

5단원

개념 39 몇 시 | 155쪽

7

개념 40 몇 시 30분 | 157쪽

풀어 보자 | 158~161쪽

1 9, 1, 3

2

문 시계에 7시를 나타내는 사람만이 집에 돌아 갈 수 있다!

3

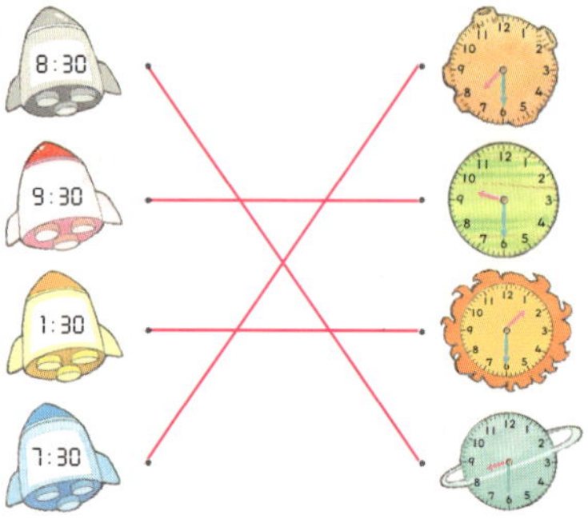

4

5

난 4시 30분에 태어났어.
난 6시 30분에 태어났지.
시돌이
시순이

6

7 ❶

8 11, 30

6단원

개념 41 두 수의 합이 10인 세 수의 덧셈 | 165쪽

18, 13

개념 42 받아올림이 있는 덧셈 | 167쪽

개념 43 받아내림이 있는 뺄셈 169쪽

6

해설▶ 14－8＝10－8＋4＝2＋4＝6(개)

풀어 보자 170~175쪽

1

2

해설▶ 5＋6＝11,
9＋8＝17,
9＋6＝15,
8＋6＝14

3

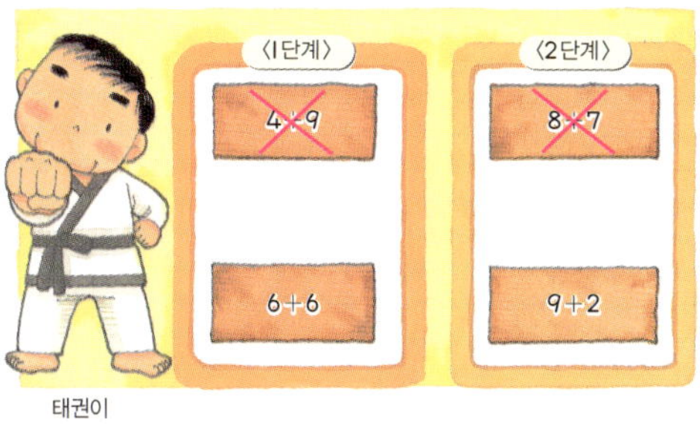

4 인어공주

5 ❶

6 8

해설▶ 14－6＝8(살)

7 콩순이

해설▶ 콩순이 : 6＋5＋8＝11＋8＝19(점)
팥순이 : 3＋4＋7＝7＋7＝14(점)

8

9

10

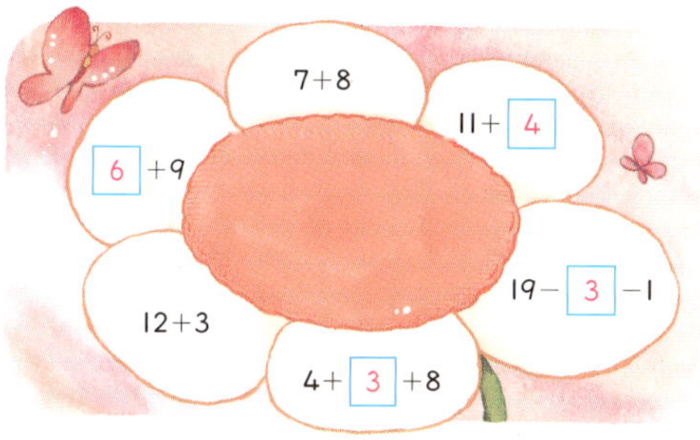

해설▶ 7＋8＝15, 12＋3＝15이므로 계산한 값은 15입니다.
11＋□＝15, 15－11＝□, □＝4

$19-\square-1=15$, $18-\square=15$,
$\square=18-15=3$
$4+\square+8=15$, $12+\square=15$,
$\square=15-12=3$
$\square+9=15$, $15-9=\square$, $\square=6$

11

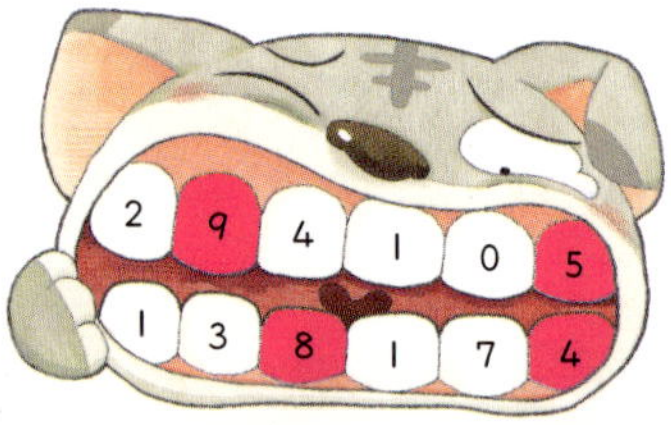

12

해설▶ 집을 □로 하여 □의 값을 구합니다.
$\square+5=11$, $11-5=\square$, $\square=6$
$\square-2=9$, $9+2=\square$, $\square=11$
$\square-9=4$, $4+9=\square$, $\square=13$
$6+\square=13$, $13-6=\square$, $\square=7$
$15-\square=7$, $15-7=\square$, $\square=8$

7단원

개념 44 덧셈식 만들기 179쪽

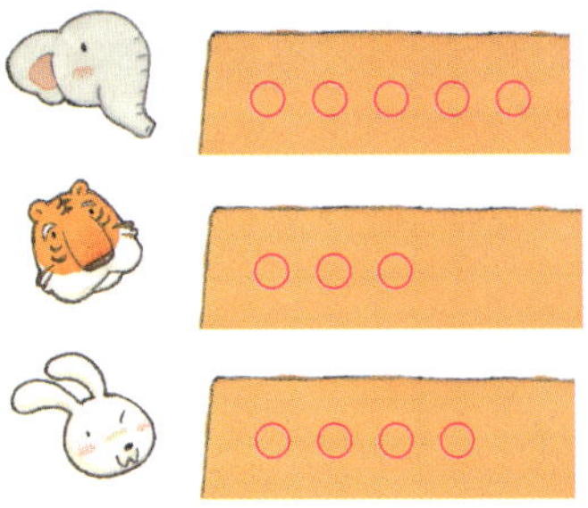

5, 3, 4, 12
해설▶ $5+3+4=8+4=12$(마리)

개념 45 뺄셈식 만들기 181쪽

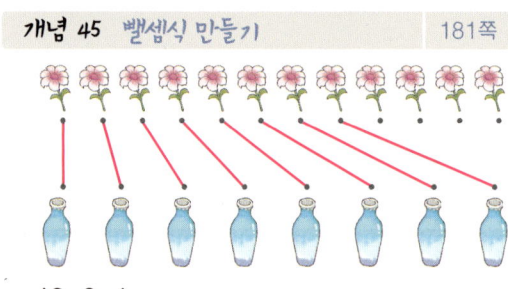

12, 8, 4

개념 46 □가 있는 덧셈식 만들기 183쪽

$6+\square=15$, 9

개념 47 □가 있는 뺄셈식 만들기 185쪽

( ) ( ) (○)

풀어 보자 186~191쪽

1 $5+5+7=17$

2 $7+6+5=18$

3 $5-3=2$

4 $11-8=3$

5 6
해설▶ 더 빠뜨린 도끼 수를 □로 하여 덧셈식을 만들면 $5+\square=11$입니다.
$5+\square=11$, $11-5=\square$, $\square=6$

6 (○) ( )

7 $15-\square=8$
해설▶ 물고기 15마리 중 8마리만 보이므로 숨은 물고기의 수를 □로 하여 뺄셈식을 만들면 $15-\square=8$입니다.

8

9

사과, 배, 포도가 모두 몇 개인지 식으로 나타내어 푯말에 적어!
5+3+4=12
사탕 8개 중 몇 개를 먹었더니 5개가 남았어. 식으로 바르게 나타낸 사탕에 ○표 해!
8+5=□
( )
8−□=5
(○)
5+□=8
( )
아래 전봇대에 써 있는 식을 보고, □ 안에 알맞은 수를 쓰면 통과!
12− 7 =5
참새 12 마리가 있었는데 몇 마리가 날아가서 5 마리가 남았어.

10 라, 랑, 아, 알

11

, 7

memo